基礎制御工学

則次俊郎
堂田周治郎
西本　澄
[著]

朝倉書店

はじめに

　広辞苑には，「制御」とは「相手方をおさえて自分の意思のままに動かしてゆくこと．」とある．制御工学で扱う「相手方」は機械などの物であり，家電製品，ロボット，自動車，電車，航空機，プラント，工場など制御技術の恩恵を受ける物は数多い．これらは制御が施されて初めて所要の目的を果たすとともに快適性や安全性が確保される．このためには相手方（制御対象）の特性を踏まえた適切な制御動作を実行できる制御系が必要である．

　「制御工学」はこのような制御系を設計・運用するための技術の総合であり，アクチュエータやセンサなどの制御要素（ハード），制御則（制御動作）を決定するための制御理論（ソフト）から成る．制御系を設計するためには，ハードとソフト両面の知識が必要であり，両者は機械系や電子・電気系の学科において標準的な科目として設置されている．

　本書は制御理論に関するテキストである．まず，制御技術の起源から制御理論の発展に至る経過について述べる（第1章）．制御理論は「古典制御理論」と「現代制御理論」に大別されるが，いまだ多くの分野で利用される「古典制御理論」を中心に議論を展開する．古典制御理論では，ラプラス変換を用いて制御要素の特性を伝達関数で表現する．機械系，電気系，流体系など種類の異なる要素の特性を同形式の伝達関数で表すことができる（第2章）．制御系の良し悪しはその応答特性により評価され，入力に対する出力の時間応答（過渡応答），制御精度（定常特性），さらに古典制御理論の特徴である周波数応答により表現される（第3章）．ただし，制御系が安定であることが前提であり，その出力は所定の定常状態に収束する必要がある．古典制御理論では特性方程式の特性根や周波数特性に注目した安定判別法が利用される（第4章）．

　制御系設計では，これらの応答特性を表す特性値が設計仕様として与えられ，これらを満足する制御則が決定される．PID制御はフィードバック制御において一般的に用いられる制御動作であり，目標入力と出力の偏差に対する比例動作（P），積分動作（I）および微分動作（D）に基づいて制御対象へ加

える操作量を決定する（第5章）．このような基本的な制御動作のみで不十分な場合には，特性補償（改善）が行われる．安定性や定常特性を補償するための直列補償，制御対象に局所的なフィードバックループを設けるフィードバック補償などが用いられる（第6章）．

　PID制御を中心とした制御理論は，産業用ロボットや自動車，航空機など制御対象の特徴に合わせて様々な形態で応用され，個々の制御対象の特性に応じて適切な制御系を設計することにより所望の性能が得られる（第7章）．また，制御系の複雑・大規模化への対応や制御性能のいっそうの向上を目的として，現代制御理論や適応制御，学習制御，ファジィ制御などの先進的制御手法が実用化されつつある（第8章）．

　以上のように，読者は，第1章で制御工学の概要を理解した後，第2章から第4章で制御系の基本特性，第5章と第6章で制御系設計について学習できる．さらに第7章で，学習した制御理論の応用事例を理解するとともに，第8章で制御工学をさらに学ぶための基礎知識を得る．

　本書は，各執筆者の長年の講義体験に基づいて，古典制御理論を中心にわかりやすくまとめたものである．制御工学をこれから学ぼうとする学生諸君および技術者諸兄にとって絶好の入門書であると考える．

　おわりに，本書の執筆に際して参考にさせていただいた多くの書物や文献の著者ならびに写真などの資料をご提供いただいた方々に深甚の意を表します．また，本書の刊行に際し，温かいご配慮とご尽力をいただいた朝倉書店編集部の方々に心より感謝します．

　2012年2月

著者一同

目　　次

1. **制御工学とは** ……………………………………………………………… 1
   1.1 制御技術の歴史　1
   　　自動装置　2/　　ワットの遠心調速機　2/　　からくり人形　4/
   　　サーボ機構　5/　　現代の制御技術　6
   1.2 制御技術の方式　7
   　　手動制御　7/　　自動制御　8
   1.3 制御系の種類　10
   1.4 フィードバック制御系の設計　10
   1.5 制御理論の発展と展開　13
   　　まとめ　14

2. **伝達関数** ……………………………………………………………………… 16
   2.1 伝達関数とは　16
   　　制御系のモデリング　16/　　伝達関数　20/　　ラプラス変換　21
   2.2 基本要素の伝達関数　24
   　　線形化　24/　　アナロジーと基本要素の伝達関数　27/
   　　具体的要素の伝達関数　36
   2.3 制御系の表現　41
   　　ブロック線図　41/　　ブロック線図の簡単化　42
   　　まとめ　46

3. **制御系の応答特性** …………………………………………………………… 50
   3.1 過渡応答　50
   　　過渡応答とは　50/　　代表的要素の過渡応答　55/　　性能評価指標　60
   3.2 定常特性　61
   3.3 周波数応答　67

周波数応答とは　67/　　ベクトル軌跡　71/　　ボード線図　75
まとめ　85

4. 制御系の安定性　　88

4.1　安定性の概念　88
安定条件の記述　88/　　アーム制御系の例題　89

4.2　安定判別法　92
ラウスの安定判別法　93/　　フルヴィッツの安定判別法　94/
根軌跡法　95/　　ナイキストの安定判別法　97

4.3　位相余裕とゲイン余裕　99
ベクトル軌跡を用いた安定度の評価　99/
ボード線図による安定度の評価　100
まとめ　103

5. PID 制御　　105

5.1　PID 制御の効果　105
P 制御　106/　　PI 制御　106/　　PD 制御　108/　　PID 制御　108

5.2　パラメータ調整則　108
限界感度法　109/　　過渡応答法　110
まとめ　111

6. 制御系の特性補償　　113

6.1　特性補償　114
安定性の指標　114/　　速応性　114

6.2　直列補償　114
ゲイン補償　114/　　位相進み補償　115/　　位相遅れ補償　117/
位相進み遅れ補償　117

6.3　フィードバック補償要素　121
まとめ　122

7. 制御理論の応用事例 ……………………………………………………… 124
7.1 産業用ロボット 124
7.2 情報電子機器 126
7.3 自動車 128
空燃比制御 128/ 車間距離制御 130
7.4 新幹線 131
7.5 航空機 133
まとめ 134

8. さらに学ぶために ……………………………………………………… 137
8.1 現代制御理論 137
状態空間モデル 137/ 状態フィードバック制御 138/
極配置制御法 139/ 最適レギュレータ 139/
状態観測器（オブザーバ） 140/ 1形最適レギュレータ 141
8.2 H^∞ 制御 141
8.3 適応制御 143
8.4 ロバスト制御 144
2自由度制御 144/ 外乱オブザーバ 144
8.5 知識型制御 146
ファジィ制御 146/ 学習制御 147/
ニューラルネットワーク制御 148
8.6 ロボット制御理論──分解速度制御 150
まとめ 152

付録 ラプラス変換の基礎 ……………………………………………… 153
A.1 基本的な時間関数のラプラス変換 153
単位ステップ関数 153/ 単位ランプ関数 154/ 指数関数 154/
sin 関数 155
A.2 微分・積分のラプラス変換 155
微分のラプラス変換 155/ 積分のラプラス変換 155
A.3 推移定理 156

　　　　s 領域における推移定理　156/　　t 領域における推移定理　156/
　　　　単位インパルス関数　156
　　A.4　初期値・最終値の定理　157
　　　　初期値の定理　157/　　最終値の定理　158
　　A.5　ラプラス逆変換　158

演習問題の解答例……………………………………………………………161

　索　引……………………………………………………………………………180

1. 制御工学とは

「制御」とは"ある目的に適合するように，対象となっているものに所要の操作を加えること"と定義され，このような技術を総称して制御技術と呼ぶ．この定義からみれば，家電製品，工作機械，ロボット，生産工場，自動車，鉄道，航空機，宇宙船など，制御技術の応用例は非常に多い．例えば2010年6月に，打ち上げから7年ぶりに小惑星「イトカワ」の微粒子を採取して帰還した小惑星探査機「はやぶさ」にも姿勢制御など多くの制御技術が利用されている．

制御技術は人々の生活を便利・快適にするとともに科学技術の発展に大きく貢献するものであるが，その前提として，制御システムの信頼性や安全性が保証されていることが不可欠である．制御システムを設計，運用するためには要素技術からシステム技術まで種々の技術の統合が求められ，その基盤となる制御理論を含め「制御工学」として体系化されている．制御理論は，制御システムで生じるさまざまな現象を理解し解析するとともに，目的に適う制御システムを設計するために重要であり，制御技術を効率よく運用するための道具として不可欠である．制御理論の導入により，対象となる機器や装置の弱点を補うとともにそれらの機能や性能を十二分に発揮させることができる．

1.1 制御技術の歴史

制御技術は各種分野における「自動化」の担い手として発展した．「自動化」は人間が行っている仕事を機械に自動的にやらせることであり，省人化や労働環境・安全性の向上，製品の品質向上，各種システムの高性能化・高機能化，新たな機能の実現など，過去から現在までその効用は多岐にわたる．このような制御技術は，古代の自動扉などの自動装置，中世における機械時計やオルゴールなどを経て，「産業革命の父」と呼ばれるジェームス・ワット（Watt, J., 1736～1819年）による蒸気機関と遠心調速器の発明により，本格的な産業技術へと成長してきた．

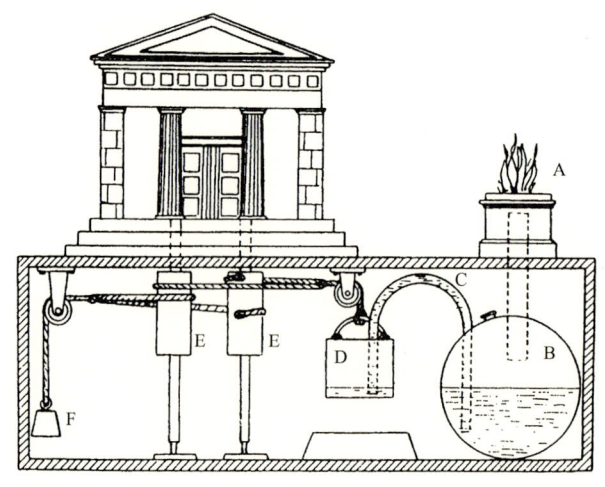

図 1.1 ヘロンの「神殿の自動扉」[1]

1.1.1 自動装置

図 1.1 は，約 2000 年前にヘロン（Heron）により考案された「神殿の自動扉」である[1]．右上の聖火台 A に点火されると，左上の扉が開く．聖火の熱で容器 B 内の空気の圧力が上昇し，その結果，容器 B の水が容器 D に移動して，その重みによってひもが引かれ扉が観音開きに開く．聖火が燃え尽きると扉は自動的に閉じる．

ヘロンは，この他，コインとてこを利用した自動聖水装置や自動人形など多くの自動装置のアイデアを記している．

1.1.2 ワットの遠心調速機

図 1.2 にワットの蒸気機関の 1 つを示す[2]．ボイラから供給された蒸気圧によりシリンダ C 内のピストンが往復運動し，これがロッド L を介してビーム B に伝えられ，その結果生じるビーム B の揺動運動がロッド R と歯車 P により軸 S の回転運動に変換される．軸 S を通して製粉機や紡績機などに回転力が供給される．ピストンの往復運動による回転力の変動を吸収して滑らかな回転を得るため，軸 S には慣性モーメントの大きなフライホイール F が取り付けられている．

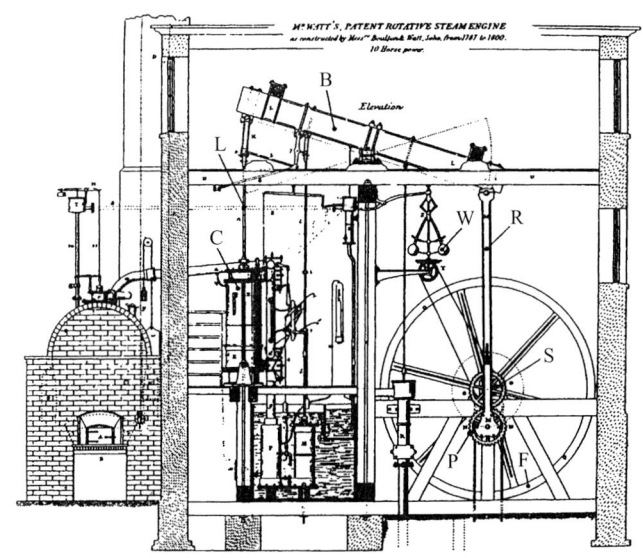

図 1.2　ワットの蒸気機関[2)]

　ワットの蒸気機関は，従来の水力や風力などに代わる，いわゆる人為的に調節可能な駆動源として急速に普及したが，負荷の大小やボイラの燃焼状態によって回転速度が変動するという問題に直面した．例えば，製粉機の石臼を回転させて小麦粉を作る場合，供給する小麦の量や製粉状態によって回転数が変化する．粒の粗さが揃った小麦粉を製粉するためには，適正な回転速度に保つ必要がある．負荷変動がゆっくりしていれば人手による調整も可能であるが，その場合，人手が離せない．また，負荷変動が速い場合には人手による調整は不可能である．
　このような問題に対応するために考案されたのがワットの遠心調速機である．図 1.3 に示すように，蒸気機関へ送る蒸気の量を調整する蒸気弁を蒸気機関の回転数に応じて自動調整するものである．回転数が上がると遠心力で振り子が開き，リンク機構を介して蒸気弁の開度が減少して蒸気量を減らすことにより回転数を下げる．逆に，回転数が下がると振り子が閉じて蒸気弁が開き，その結果回転数が上がる．このような回転速度の変動を抑える動作が，後で述べるフィードバック制御である．
　遠心調速機はガバナとも呼ばれ，図 1.2 にそのおもり W が見える．この調

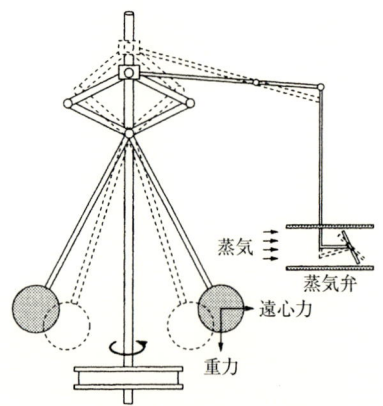

図 1.3 ワットの遠心調速機[2]

速機は蒸気機関の性能を著しく向上させ，蒸気機関になくてはならないものになったといわれている．また，19世紀末に京都で着工された琵琶湖疎水事業において設置された蹴上発電所のペルトン水車の速度制御にも同様の遠心調速機が利用されている[2]．ワットの遠心調速機は，フィードバック制御が産業に最初に用いられた事例として有名であり，現在のセンサとアクチュエータを兼ね備えた巧妙なからくり仕掛けということもできる．

1.1.3 からくり人形

産業革命前の西洋で発達した機械時計の技術に対して，日本では江戸時代に「からくり人形」の技術が独自に発達した．1796年に出版された細川頼直の『機巧図彙』には，4種類の時計と9種類のからくり人形の構造や製作法が書かれている．図1.4は，その中に書かれた茶運人形の構造を示す[2]．人形が持つ茶臺の上に茶碗を置いたり取ったりすることにより一連の動作が進行することが説明されている．これらの動きはすべてカムや歯車などのメカニズムにより制御され，同じ動作が繰り返される．ちなみに，エネルギー源には鯨のひげを利用したぜんまいが用いられている．

なお，文献2）によると『機巧図彙』に示された機械時計には風切と呼ばれる回転速度制御装置が取り付けられている．回転軸に薄い金属板（風切羽根）が取り付けられ，軸と一緒に回転する．回転速度が高くなれば金属板に作用する空気抵抗が増加して回転速度を下げ，逆に速度が低下すれば空気抵抗が小さ

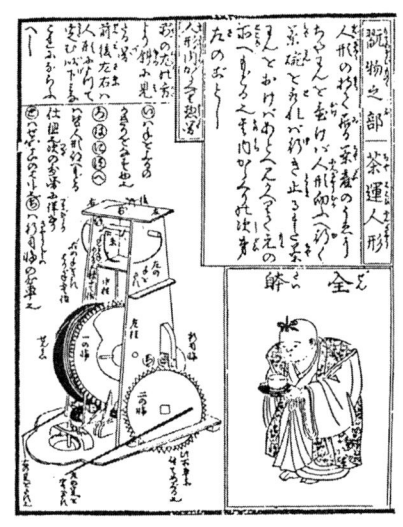
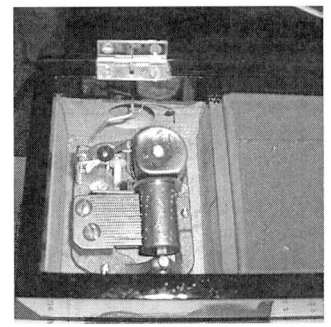

図 1.4　茶運人形[2)]

図 1.5　オルゴール内の風切
（左上部に見える薄い金属板）

くなり速度を上げる．これにより回転速度を一定に制御する．図 1.5 に示すように，このような装置は現代のオルゴールにも取り付けられている．

1.1.4　サーボ機構

19 世紀の半ばに，ワットの蒸気機関を動力とした巨大船が建造され始め，その舵取に大きな力が必要となり人手だけでは困難となった．そこで登場したのがサーボメカニズムである．蒸気を動力源とし，シリンダやリンク機構を用いて人手による入力を操舵装置の駆動が可能な高出力に変換するものである．文献 2) に，ファルソのサーボメカニズムとして詳細が紹介されている．メカニカルなフィードバック機構が内蔵されており，今日の機械的な「倣い旋盤」の基礎となった．

近年は，蒸気の代わりに油圧や圧縮空気を用いた油圧サーボや空気圧サーボ，電気モータを用いた電気サーボなどへ発展している．今日，サーボ機構（servomechanism）はロボットや各種工作機械などにおける運動制御の基礎技術として不可欠なものである．

1.1.5 現代の制御技術

現在,制御技術は家電製品やロボット,自動車,工作機械,飛行機,化学プラントなど,ありとあらゆる物に導入され,何らかの運動や反応(ダイナミクス)を伴う装置やシステムにおいて制御技術の恩恵を受けないものはないといってもよい.

例えば,自動車においても多くの制御技術が導入されている.排ガス対策や燃費向上のための空燃比制御を行うエンジンの電子制御や安全性向上のためのアンチスキッドブレーキシステム(ABS),乗り心地や操縦安定性向上のためのアクティブサスペンション,衝突防止のための自動停止装置など数多くみられる[3].例えばサスペンションの第一の役割は,路面の凹凸による振動の車体への伝達を遮断することである.パッシブサスペンションは,通常,バネとダンパ要素により構成される.これらの要素のパラメータを路面の状況に応じて可変としたものがセミアクティブサスペンションと呼ばれる.図1.6はフルアクティブサスペンションと呼ばれ,アクチュエータを取り付けて外部からエネルギーを供給することにより積極的に振動を抑制するものである.アクティブサスペンションの制御手法についても多くの研究が行われ,各種の先端制御理論が適用された.自動車や各種構造物,加工・製造機械の振動低減は制御技術の主要課題の1つとして今なお多方面で多くの研究開発が続けられている.

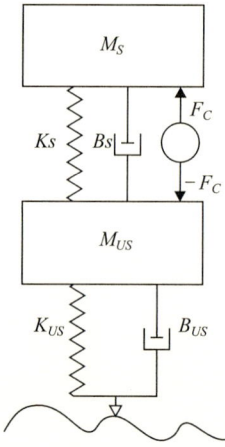

図1.6 フルアクティブサスペンション

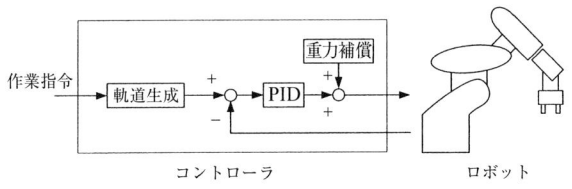

図 **1.7** ロボットのソフトウェアサーボ系

ロボットの分野では，産業用ロボットから近年のヒューマノイドにいたるまで多種の制御技術が導入されている．これらのロボットは，多自由度運動機構により構成され，また，多くのアクチュエータやセンサによる統合システムであり，コンピュータを用いた知能的制御が求められる．ロボットの制御においては，コンピュータを用いたソフトウェアサーボによる制御手法が一般的である．図1.7は重力補償を付加した基本的なロボット制御系の例である．

1.2 制御技術の方式

制御系の構成は第2章で述べるブロック線図を用いて表現される．制御系の構成要素は図1.8のように1つのブロックで表し，矢印により入出力の信号伝達を表す．入力は操作量，出力は制御量と呼ばれ，ブロックは制御対象の特性により定まる因果関係を表す．

現在実施されている制御技術の方式は次のように大別できる．

1.2.1 手動制御（manual control）

人間が制御対象に直接，操作を加えるものであり，人間の感覚，判断，筋力などに基づいて制御動作が実行される．建設機械の操作，自動車のハンドル操作など，いわゆる操縦や操作と呼ばれるのはこの方式である．人間の経験や判断力，器用さなどを活用できる利点があるが，個人差や疲労による制御性能の低下は避けられない．実際のシステムでは，手動制御と次に述べる自動制御が

図 **1.8** 制御系の構成要素

共存あるいは融合した人間協調制御方式が多用されている．

1.2.2 自動制御 (automatic control)

制御動作が機械装置により自動的に行われるものであり，センサやコンピュータ，アクチュエータなどが，人間の感覚，判断，筋力などの役割を果たす．制御といえば自動制御のことを指すといってもよく，自動制御の導入により，機械や装置の性能向上や，単純で退屈な作業からの人間の解放などが可能である．自動制御はいくつかの方式により実行される．

a. シーケンス制御 (sequence control)

「あらかじめ定められた順序に従って制御の各段階を進めていく制御」と定義される．1つの段階での制御動作が完了した後，あらかじめ定められている次の段階の制御動作に移行するものが一般的である．身の回りの自動販売機や自動洗濯機，生産工場における自動化生産ラインなどの制御にはシーケンス制御方式が使用されている．本制御方式は簡便でコントローラの設計において特別な制御理論が不要なため多くの分野で用いられているが，制御結果を検出して即時に制御動作を訂正する機能はない．例えば，通常の自動洗濯機では洗濯物の汚れの落ち具合をみて，不十分な場合でも洗濯動作が再開されることはない．シーケンス制御系は論理代数を用いて設計され，その制御装置はシーケンサと呼ばれる．最近ではプログラム制御と呼ばれることもある．

b. フィードバック制御 (feedback control)

制御系あるいは制御系を構成する要素の出力を入力側に戻すことをフィードバックという．図1.9に基本的なフィードバック制御系の構成を示す．制御系の出力である制御量をセンサで検出し，その目標値と比較して，両者の偏差（誤差）が減少するように制御対象へ与える操作量を加減する．また制御系の

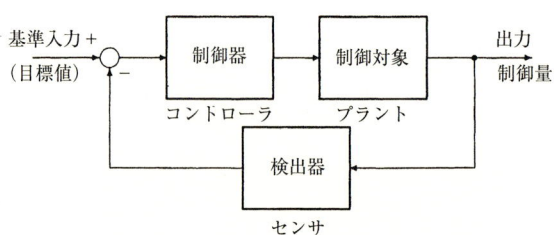

図 **1.9** フィードバック制御系の構成

正常な動作を乱す外乱が制御対象に作用した場合，その影響を出力の変動として検出し，外乱により生じた偏差を低減するように操作量を調整する．このように，フィードバック制御の特徴は検出動作と訂正動作が加わることであり，要素や制御系の性能向上にきわめて効果的である．ほとんどの制御理論はフィードバック制御を対象としたものである．制御系設計の課題は，「偏差信号に基づいてどのようにして適切な操作量を決定するか」に集約されるといってもよい．

フィードバック制御は，フィードバックループによって系が閉じられているため閉ループ制御（closed loop control）と呼ばれることがある．

c. フィードフォワード制御（feed-forward control）

図 1.10 に基本的なフィードフォワード制御系の構成を示す．制御量のフィードバックがないため，開ループ制御（open loop control）と呼ばれることもある．制御対象の特性が正確に既知であり，外乱がなければ，制御量が目標値に一致するような操作量を計算して，それを加えればよい．また，外乱が存在する場合には，外乱が測定でき，さらにそれが制御量に与える影響が既知であれば，外乱の影響を打ち消すような操作量を決定することができる．フィードフォワード制御は，目標値の変化や外乱の影響が制御量に現れる前に，それらに対処できる操作量を加えることができ，先を見越した制御が可能である．

例えば，雨天時のダム湖の水位制御を考えよう．ダム湖の水位上昇を検出し，それに基づいて放流を開始するのはフィードバック制御である．これに対し，ダム上流域の降雨量を外乱として検出し，それがダム湖に流れ込んだ時の水位上昇を見越して先に放流を開始するのがフィードフォワード制御である．

このように制御目的から見ればフィードフォワード制御のほうが優れているが，これを実現するためには制御対象の特性と外乱を正確に把握しておく必要

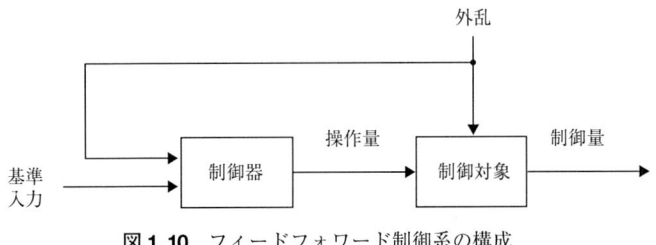

図 1.10 フィードフォワード制御系の構成

がある．一般の制御系においては，これは難しく，また制御対象の特性や外乱は条件により変動することが多い．そのため，フィードフォワード制御が単独で用いられることは少なく，フィードバック制御と併用されるのが通常である．

1.3　制御系の種類

　制御系は目標値や制御量の形態によって分類されている．目標値が一定の場合には定値制御（constant value control），目標値が時々刻々変化する場合には追従制御（follow-up control）と呼ばれる．

　制御量が位置，角度，速度，力などのいわゆる運動制御系（motion control system）はサーボ機構と呼ばれる．servo はラテン語の servus（奴隷）に由来し，「従って動くこと」を意味し，サーボ機構は代表的な追従制御系である．サーボ機構の原点は上述の操舵装置であり，現在のロボットや運動を伴うメカトロニクス機器はすべてサーボ機構であるといってもよい．

　一方，化学プラントにおいては，種々の原料に所定の処理を加えて所要の物質を生成する．このような生成過程をプロセス（process）といい，プロセスの温度，圧力，流量，pH などを適切に自動制御する必要がある．これらの制御をまとめてプロセス制御（process control）と呼ぶ．

　サーボ機構とプロセス制御系の解析や設計においては，いずれも第 2 章以降で述べる同様な制御理論が適用できるが，設計時おいてはサーボ機構のほうが経験的にやや高い安定度が要求される．

1.4　フィードバック制御系の設計

　図 1.11 は一般的な直線運動機構を示す．アクチュエータの回転運動がボールねじにより直線運動に変換され，案内面上に設置された負荷質量を駆動する．負荷質量の送り速度や停止位置，作業対象物への押し付け力などが制御量となる．必要に応じて，アクチュエータの回転角度や質量の位置，押し付け力などが検出され，コントローラにフィードバックされる．コントローラは，それぞれの目標値とフィードバック量に基づいて，予め設定されている制御則（control law）に従ってアクチュエータへの制御入力（操作量）を計算する．

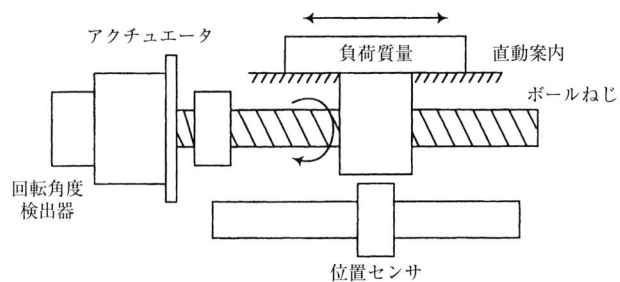

図 1.11 直線運動機構

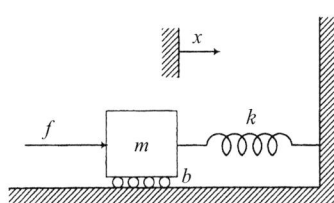

図 1.12 機械運動機構のモデル

運動機構がうまく動作するか否かは，機構を構成する個々の要素の性能にも依存するが，制御則の良し悪しに負うところも大きい．適切な制御則を決定することが制御理論の役割である．

図 1.12 の機械運動機構のモデルを用いてフィードバック制御の効果を説明する[4]．運動方程式は次式で与えられる．

$$m\ddot{x}+b\dot{x}+kx=f \tag{1.1}$$

ここで，m は質量，b は摺動部の粘性摩擦係数，k はばね定数，x は質量の位置，f は外力である．いま，f をアクチュエータにより任意に与えることができる操作量とし，さらに，位置 x と速度 $\dot{x}$ はセンサにより検出できるものとして，次式の制御則を実行する．

$$f=k_P(x_d-x)-k_V\dot{x} \tag{1.2}$$

制御系の構成を図 1.13 に示す．式 (1.2) は，x を目標値 x_d に追従させる位置制御則である．右辺第 1 項は位置誤差に対する比例動作，第 2 項は速度のフィードバックである．式 (1.2) を式 (1.1) に代入すれば，フィードバック制御系の特性は次式で表される．

$$m\ddot{x}+(b+k_V)\dot{x}+(k+k_P)x=k_P x_d \tag{1.3}$$

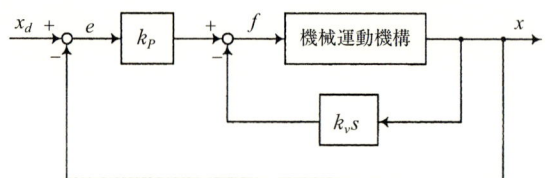

図 **1.13** 速度フィードバック補償を付加した比例制御系

制御系の減衰係数 ζ と固有角周波数 ω_n は次式となる.

$$\zeta = (b+k_V)/2\sqrt{m(k+k_P)} \quad (1.4)$$
$$\omega_n = \sqrt{(k+k_P)/m} \quad (1.5)$$

ζ は制御系の減衰性，ω_n は制御系の応答の速さ（速応性）を決定する．制御ゲイン k_P と k_V を選ぶことにより制御系の動特性（応答の形と速さ）を任意に設定できる．例えば，k_V を増加させることにより減衰係数が増加し，振動的な応答を抑制できる．このように速度のフィードバックにより，制御対象自体の特性を変えることなく，制御動作によって等価的に減衰性を向上させることができる．このような動作は速度フィードバック補償と呼ばれる．

また，定常状態において次式が成り立つ．

$$x = x_d/(1+k/k_P) \quad (1.6)$$

例えば，x_d が高さ一定の階段状入力（ステップ入力と呼ばれる）の場合には，定常状態においても x と x_d の間に定常位置偏差と呼ばれる一定の誤差が生じる．偏差を小さくして制御精度を向上させるためには，動特性の変化が許容できる範囲で，k_P をできるだけ大きく設定すればよい．

さらに，次式のような制御則を実行した場合，

$$f = k_P(x_d - x) + k_I\int(x_d - x)dt + k_V(\dot{x}_d - \dot{x}) \quad (1.7)$$

フィードバック制御系の特性は次式で表される．

$$m\ddot{x} + (b+k_V)\ddot{x} + (k+k_P)\dot{x} + k_I x = k_V\ddot{x}_d + k_P\dot{x}_d + k_I x_d \quad (1.8)$$

この場合，ステップ入力 x_d に対する定常位置偏差は0となり（定常状態において $x = x_d$ となる），高精度な制御系が実現できる．さらに，制御系の動特性はコントローラの3個のゲイン k_P, k_I, k_V によって自由に設定することができる（演習問題1.3を参照）．図1.12の機械運動機構においては，式（1.7）の3個のゲインを調整することにより任意の特性を有する制御系が実現できる．式（1.7）の制御則は，操作量 f が偏差の比例（proportional），積分（integral) および微分 (derivative) により生成されるため，その頭文字をとって PID 制御と呼ばれる．

このように，理論的には，制御系の次数（フィードバック制御系の特性を表す微分方程式の階数）と同数の調整可能なゲインを有するコントローラを用いることにより，希望する特性を有する制御系を設計できる．しかし，実際の制御系においては，摺動部の非線形摩擦，ロボットマニピュレータなどの多自由度運動機構における軸間干渉力，重力の影響などが外乱 (disturbance) として作用するため，コントローラには必要に応じて外乱対策が求められる．

例えば，式 (1.8) において，運動機構のパラメータ m, b および k が既知であれば，これらの値に基づいて望ましい特性を実現するゲイン k_P, k_I および k_v を決定することができる．また，動作中にも m, b および k が変化しなければ一度決定したゲインが有効である．しかし，実際の機械システムにおいてこれらのパラメータを正確に同定できることはまれであり，制御途中で変化する場合も多い．例えば，摺動部の粘性摩擦係数 b は潤滑状態や負荷質量によって変化する．また，式 (1.2) ではアクチュエータは任意の力を瞬時に発生できるとしたが，実際のアクチュエータが発生できる力には限界があり，その応答にも遅れが存在する．場合によっては，アクチュエータの動特性を考慮した制御系設計も必要である．これらの諸問題に対処し，制御系を効率よく設計するためには適切な制御理論の導入が必要である．

1.5 制御理論の発展と展開

制御理論の源泉は，19 世紀後半の著名な物理学者マクスウェル (Maxwell, J. C., 1831～1879 年) による蒸気機関の速度制御系の安定性の解析であるといわれている[2]．調速機を解析し，その安定性が特性方程式と呼ばれる代数方程式の根の性質に依存することを示した．これがラウス (Routh, E., 1831～1907 年) の安定判別法につながる．またフルヴィッツ (Hurwitz, A., 1859～1919 年) も独自に，制御系が安定であるためには特性方程式の根の実部が負でなければならないことを明らかにし，フルヴィッツの安定条件を示した．両者の安定条件は，制御系の特性方程式に注目した安定判別法として今日も利用されている．

20世紀になると，電気通信技術の分野においてもフィードバックの手法が活用され始め，増幅器が安定に動作するための条件を1932年にナイキスト（Nyquist, H., 1889～1976年）が明らかにした．この条件は電気通信の分野で考案されたものであったが，今日，制御系の周波数応答に注目した安定判別法として制御理論の重要部分を占めている．さらに1938年にボード（Bode, H. W., 1905～1982年）により提案された周波数応答の表現手法（ボード線図）が加わり，周波数応答に基づいた制御理論が体系化された．

制御理論は，以後，制御システムの挙動を動作点の周りで線形化した線形理論を基調とし，1950年代までの古典的な周波数応答法から，1960～1970年代には制御技術の航空宇宙への利用が進むとともに，状態空間法による極配置理論，オブザーバ理論，最適レギュレータ，カルマンフィルタ，内部モデル原理などへと進展した．1980年代には再び周波数応答法へ回帰し，H^{∞}制御理論が現れた．この他，制御対象の特性変動の影響を軽減するための制御方式として，適応制御理論やロバスト制御理論が展開されている．1960年代以降の制御理論は，1変数制御系だけでなく多変数制御系も取り扱うことができ，それまでの古典制御理論と区別され，まとめて現代制御理論と呼ばれている．

現場で一般的に使いこなされているのはPID制御を中心とする古典制御理論であり，現代制御理論に基づく制御方式の利用はまだ特定分野に限定されている．最適レギュレータなどの現代制御理論を適用するためには制御対象の数学モデルが要求される．これに対して，ファジィ制御やニューラルネットワーク制御が，人間の経験や知識をベースとし，正確な数学モデルを必要としない制御手法として利用されている．

まとめ

制御技術の歴史から今日の制御理論の概要について述べた．これらの制御理論を理解し利用するためには，ある程度の数学の知識が必要である．制御系を構成するそれぞれの要素の動特性（ダイナミックス）をモデル化するための微分方程式が基礎であり，古典制御理論においてはラプラス変換，現代制御理論においては線形代数学が，それぞれの理論展開の道具となる．

本書は，制御理論の根幹をなす線形システムを対象とした古典制御理論の理解を主な目的とする．第2章では，要素のモデル化について記述する．微分方

程式によるダイナミックス表現とラプラス変換による伝達関数の概念を理解することが求められる．第3章では，制御系の応答特性について時間領域と周波数領域において議論する．時間領域ではラプラス逆変換を利用し，周波数領域においては上述のボード線図やベクトル軌跡が登場する．第4章では，ラウス，フルヴィッツおよびナイキストの安定判別法について記述し，ナイキストの方法に基づいた制御系の安定度の表現について説明する．第5章ではPID制御について述べ，第6章では周波数応答法を用いた制御系の特性補償法，制御対象の特性改善などに多用されるフィードバック補償について述べる．第7章では，サーボ機構やプロセス制御系について，いくつかの応用事例を紹介する．第8章では，現代制御理論などについてさらに学習するための参考として，いくつかの制御理論の概要を記述する．

　制御系において，減衰性（安定性），速応性，定常特性（制御精度）の3つが代表的特性である．制御系の設計はこれらの最適な妥協点を見出すことであり，以下で述べる制御理論がそのための強力なツールとなる．

◆ 参考文献

1) 立川昭二ほか：図説からくり，河出書房新社，2002
2) 示村悦二郎：自動制御とは何か，コロナ社，1990
3) 木村英紀：制御工学の考え方，講談社，2002
4) 奥山佳史ほか：制御工学―古典から現代まで―〈学生のための機械工学シリーズ2〉，朝倉書店，2001

◆ 演習問題

1.1 ロボット，自動車，電車，工作機械，家電製品などにおいて，フィードバック制御やフィードフォワード制御が使用されている事例とその方法を調べよ．

1.2 これから制御工学を学習するに当たり，自身に関心がある制御対象を想定し，それに対してそれぞれの章で学ぶ理論や手法を逐次適用してみよ．例えば，ロボットアーム，振子，機械振動系，サスペンション，水槽（水位系），恒温槽（熱系），直流モータ，電気回路など，多くの候補が挙げられる．

1.3 微分方程式（1.8）の解を求め，その応答特性を吟味せよ．ただし，右辺の x_d は一定値とする．

2. 伝達関数

目標：機械システムやロボットシステムなどをうまく動かす（制御する）には，それらの特性（人間でいえば，性格や能力など）を十分把握する必要がある．そのような制御系の特性を表現する方法として，広く用いられている伝達関数法がある．本章では，伝達関数モデルの作成方法や特徴を理解するとともに，伝達関数やブロック線図を用いた制御系の表現方法に慣れることを目標とする．

キーワード：伝達関数モデル，微分方程式モデル，伝達関数，ラプラス変換，線形化，アナロジー，ブロック線図，ブロック線図の簡単化

2.1　伝達関数とは

2.1.1　制御系のモデリング

フィードバック制御系の一例として，図 2.1 ((a)は構成図，(b)は実機写真) に示す二次元倒立振子の安定化制御系を考える．これは，ロボットアームの手のひらに載せた棒（振子）を上手に倒立させる制御である．うまく制御できないと倒れるので，制御の効果がひとめでわかる自動制御例である．子供の頃，ほうきなどの棒を倒立させて遊んだ経験がある人は多いことだろう．ロボットアームを用いた制御系の構成と制御の流れを人間の動作に対応させながら説明する（図(a)参照）．制御系（control system）は，人間の腕に相当するアーム，頭脳に相当するコンピュータ，目に相当するカメラから構成される．振子の姿勢は振子の先端に付けた赤い球を振子の上方に取り付けたカメラで計測する．このように非接触で振子の姿勢を計測することにより，人間が手のひらに載せて制御するのと同じ状況を作ることができる．制御の流れは以下のとおりである．カメラ（目）で振子の姿勢をとらえ，コンピュータ（頭脳）で判断し，アーム（腕）を動かし振子が倒れないようにする．すなわち，目標姿勢と現在

2.1 伝達関数とは 17

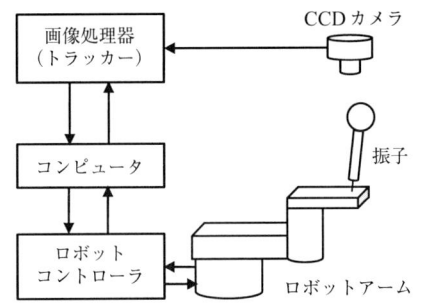 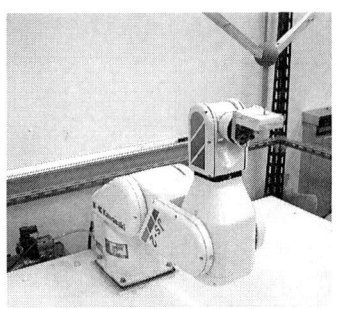

(a) 制御系の構成図　　　　　　　　(b) 実験装置図

図 2.1　二次元倒立振子の安定化制御系

姿勢の差（偏差）に基づいてアームを動かす量（操作量）を計算しアームを動かす．偏差に基づいて操作量を決める方法（計算式など）は制御則（control law）といわれ，制御則を決めることが制御系設計の大きな仕事である．もう少し詳しく考えてみよう．例えば，振子を制御する場合，偏差が大きければ，アーム手先を大きく動かす必要がある．また，偏差の時間変化（偏差速度）が大きい場合もアームを素早く動かすだろう．制御則として，偏差の加速度も加えて，操作量＝係数 1×偏差＋係数 2×偏差速度＋係数 3×偏差加速度という式が考えられる．このような式の形を決めることは構造設計といわれ，式中の係数の値を決めることはパラメータ設計といわれる．

　パラメータ設計について考えてみよう．係数 1 や係数 2 や係数 3 の決め方としては 2 つの方法が考えられる．1 つは，がむしゃらに実験を行ったり，試行錯誤的に係数を決める方法である．ほとんど予備知識なしに実施できそうであるが，時間や労力が相当かかりそうである．ひょっとすると，数多くの実験により装置が壊れてしまうかもしれない．試しに係数の探索に要する実験時間を計算してみると，1 つの係数について 10 通りずつ行うと全部で 1000 通りであり 13.3 日かかる．100 通りずつとすると 36.5 年かかることになり大変である．もう 1 つは，数式モデルを使い理論的に検討したりシミュレーションを行う方法である．このように，制御系が望ましい動きをするように制御系を設計したり，理論的に解析するためには，制御対象やフィードバック制御系を数式モデルで表現するモデル化（モデリング，modeling）が必要となる．

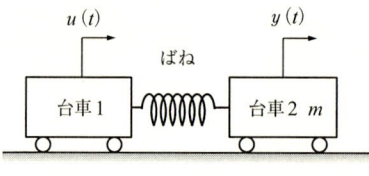
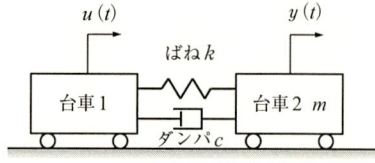

図2.2 台車の運動（実際図）　　図2.3 台車の運動（モデル図）

　では，制御系のモデリングについて考えてみよう．制御対象を含め制御系を構成している要素は，電気系，機械系，流体系やそれらの複合系である．どんな特性を持っているか，それぞれの動きを支配している物理法則や実験式などを用いて数式で表現することがモデリングであり，一般的には時間に関する微分方程式で表される．

　二次元倒立振子の例は少し複雑なので，図2.2に示す台車の運動を例に説明しよう．これは台車1と台車2がばねで結合されている機械振動系である．台車1により変位や力が加えられたとき台車2がどのような動きをするかに注目する．図2.2の実際図を解析モデル図で表すと図2.3になる．すなわち，空気抵抗や車輪軸受の粘性摩擦などの減衰要素を考慮する必要がある．これが図のダンパである．このようにモデル図には実際図には見えない要素があることに注意したい．例えば，電気回路におけるコイルはインダクタンス要素であるが，電気抵抗要素も含んでいる．さて，台車1の変位を入力（原因），台車2の変位を出力（結果）として数式モデル（微分方程式）を作ってみよう．

　いま，

　　　m：台車2の質量 [kg]
　　　k：ばね定数 [N/m]
　　　c：ダンパの減衰係数（粘性抵抗係数）[kg/s] または [Ns/m]
　　　$u(t)$：台車1の変位 [m]
　　　$y(t)$：台車2の変位 [m]

とすると，台車2に作用する力は，台車間の相対変位 $\{y(t)-u(t)\}$ に比例するばねの抵抗力と相対速度に比例するダンパの粘性抵抗力であるので，ニュートンの第二法則より，次の運動方程式が得られる．

$$m\frac{d^2 y(t)}{dt^2} = -k\{y(t)-u(t)\} - c\left\{\frac{dy(t)}{dt} - \frac{du(t)}{dt}\right\} \tag{2.1}$$

右辺第1項は相対変位 $\{y(t)-u(t)\}$ が正の場合（ばねが伸びる場合），ばね力は台車2の運動方向と逆方向（左方向）に作用するのでマイナスであると考えればよい．ダンパの相対速度についても同様である．この式を $y(t)$ に関する項を左辺に移項して整理すると次式が得られる．

$$m\frac{d^2y(t)}{dt^2}+c\frac{dy(t)}{dt}+ky(t)=c\frac{du(t)}{dt}+ku(t) \tag{2.2}$$

これが，図2.2の台車の運動を表す数式モデルである．式 (2.2) は線形微分方程式である．さらに，係数である m, c, k の値は時間的には変化せず定数であるので，定係数線形微分方程式と呼ばれ，本書ではこのような制御系を扱う．定係数線形微分方程式の一般形は次式で表される．

$$\frac{d^n y(t)}{dt^n}+a_{n-1}\frac{d^{n-1}y(t)}{dt^{n-1}}+\cdots+a_1\frac{dy(t)}{dt}+a_0 y(t)$$
$$=b_m\frac{d^m u(t)}{dt^m}+b_{m-1}\frac{d^{m-1}u(t)}{dt^{m-1}}+\cdots+b_1\frac{du(t)}{dt}+b_0 u(t) \tag{2.3}$$

ここで，係数 $a_{n-1}, a_{n-2}, \cdots, a_0, b_m, b_{m-1}, \cdots, b_0$ はすべて定数であり，通常，$n \geq m$ である．このような微分方程式で制御系や要素を表現するモデルが微分方程式モデルである．

次に，微分方程式モデルを用いて制御系を解析することを考えてみる．制御系は多くの伝達要素から構成される結合系である．例として，図2.4で表されるような，自動車のアクセルを踏み込んでから車体が加速するまでの結合系を考えよう．すなわち，図においてアクセル角度 $u(t)$ が大きくなると，ガソリンの混合気流量が増えエンジントルクが増加する．そして，推進力（タイヤが地面を蹴る力）$f(t)$ が増え，車速 $v(t)$ が増加する．要素1（アクセル→エンジン→タイヤ）と要素2（車体）の微分方程式は，それぞれ次の式で表されるものとする．

$$\frac{df(t)}{dt}+af(t)=bu(t) \tag{2.4}$$

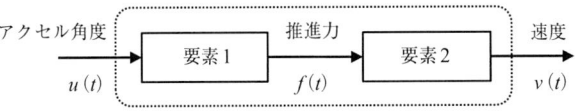

図2.4　自動車の結合系

$$m\frac{dv(t)}{dt}+cv(t)=f(t) \tag{2.5}$$

ここで，m：車の質量，c：粘性抵抗係数，a, b：係数である．式（2.5）と式（2.5）を時間で微分した式から，$f(t)$ や $df(t)/dt$ を求め，式（2.4）に代入することにより，結合系全体の入力であるアクセル角度 $u(t)$ から最終出力である車速 $v(t)$ までの入出力関係式が得られ，次式で表される．

$$m\frac{d^2v(t)}{dt^2}+(c+am)\frac{dv(t)}{dt}+acv(t)=bu(t) \tag{2.6}$$

結合系において伝達要素の数や微分方程式の階数が高くなると，これらの計算が急激に煩雑になることは容易に想像できる．このような結合系の取り扱いを容易にするモデリングがラプラス変換を用いる伝達関数モデルである．

2.1.2　伝達関数

式（2.3）の両辺をラプラス変換（2.1.3項や付録を参照）し，すべての初期値 $y(0), u(0), y^{(1)}(0), u^{(1)}(0), y^{(2)}(0), u^{(2)}(0), \cdots$ を0とし，整理すると次式となる．

$$(s^n+a_{n-1}s^{n-1}+\cdots+a_1s+a_0)Y(s)$$
$$=(b_ms^m+b_{m-1}s^{m-1}+\cdots+b_1s+b_0)U(s) \tag{2.7}$$

このラプラス変換は形式的には，式（2.3）において，時間の関数である $y(t){\rightarrow}Y(s), u(t){\rightarrow}U(s)$ とし，微分のところを $d/dt{\rightarrow}s, d^2/dt^2{\rightarrow}s^2, \cdots$ と置き換えるだけでよいことがわかる．

さて，出力信号 $y(t)$ のラプラス変換 $Y(s)$ と入力信号 $u(t)$ のラプラス変換 $U(s)$ の比をとり，これを $G(s)$ とすると，

$$\frac{Y(s)}{U(s)}=G(s)=\frac{b_ms^m+b_{m-1}s^{m-1}+\cdots+b_1s+b_0}{s^n+a_{n-1}s^{n-1}+\cdots+a_1s+a_0} \tag{2.8}$$

となる．このように，伝達要素の出力信号と入力信号のラプラス変換（すべての初期値を0とする）の比 $G(s)$ を伝達関数（transfer function）という．これは，入力と出力との間の静的および動的（時間的に変化する）関係，すなわち，伝達要素の特性を表すものである．そして，制御系における信号の伝達関係（結合関係）を図で表すものが2.3節で述べるブロック線図（block diagram）である．式（2.8）において，$n{\geq}m$ である $G(s)$ を「プロパーな伝達関数」，$n{>}m$ である $G(s)$ を「厳密にプロパーな伝達関数」という．

再び，式 (2.4) と (2.5) で表される車の結合系を考えてみよう．これらをラプラス変換して，初期値を0として伝達関数を求めると，

$$\frac{F(s)}{U(s)} = G_1(s) = \frac{b}{s+a} \tag{2.9}$$

$$\frac{V(s)}{F(s)} = G_2(s) = \frac{1}{ms+c} \tag{2.10}$$

となり，結合系全体の伝達関数 $V(s)/U(s)$ は $G_1(s)G_2(s)$ で表され，2つの伝達関数を掛けるだけでよいことがわかる．伝達要素の数が増えても単純に掛けるだけでよい．このように，伝達関数モデルは，結合系が単に「積の形」で表されるので非常に扱いやすくなる．これは，制御系や要素の出力が，出力＝伝達関数×入力という積の形で表されるためである．また，第3章以降で述べるようにラプラス変換された形のままで制御系や要素の特性が検討できるので，伝達関数モデルは微分方程式モデルに比べて便利である．

式 (2.8) の伝達関数は，一般に，

$$G(s) = \frac{Q(s)}{P(s)} = \frac{c(s-z_1)(s-z_2)\cdots(s-z_m)}{(s-p_1)(s-p_2)\cdots(s-p_n)}$$

の形で表すことができる．$G(s)$ の分母を0と置いた $P(s)=0$ は特性方程式といい，その解である $p_1, p_2, \cdots, p_n$ を $G(s)$ の極（pole）という．極は制御系や伝達要素の動的特性を決定する重要なパラメータである．また，分子 $Q(s)=0$ の解である $z_1, z_2, \cdots, z_m$ を零点（zero）という．

2.1.3　ラプラス変換

これまで見てきたように，伝達関数モデルではラプラス変換が必要となる．ラプラス変換の詳細については付録で述べるので，ここでは必要最小限の基本的な事項のみを説明する．

a. ラプラス変換の定義

実数 t の関数 $f(t)$ から複素数 s の関数 $F(s)$ へのラプラス変換は次式で定義され，$t \geq 0$ においてのみ定義される積分変換である．

$$F(s) = \int_0^\infty f(t)e^{-st}dt \tag{2.11}$$

ここで s はラプラス演算子と呼ばれ，複素数である（$s=\sigma+j\omega, j=\sqrt{-1}$）．ラプラス変換は時間領域（$t$ 領域）から複素周波数領域（s 領域）への変換であり，

次のように表記される．一般に時間 t の関数は小文字で表し，そのラプラス変換は大文字で表す．

$$F(s)=\mathcal{L}[f(t)] \tag{2.12}$$

b. 基本関数のラプラス変換例

【例題 2.1】 $f(t)=ke^{-at}$ のラプラス変換を求めよ．

式（2.11）の定義式より，

$$\begin{aligned}F(s)&=\int_0^\infty ke^{-at}e^{-st}dt\\&=\int_0^\infty ke^{-(s+a)t}dt\\&=\frac{-k}{s+a}[e^{-(s+a)t}]_0^\infty dt\\&=\frac{-k}{s+a}\{\lim_{t\to\infty}e^{-(s+a)t}-1\}\end{aligned}$$

となる．ここで，複素数 $s+a$ の実部が $\sigma+a>0$ のとき，

$$\lim_{t\to\infty}e^{-(s+a)t}=\lim_{t\to\infty}e^{-(\sigma+a)t}e^{-j\omega t}=0$$

となるので，次式となる．

$$F(s)=\frac{k}{s+a} \tag{2.13}$$

この例において，$a=0$，すなわち $f(t)=k$（大きさ k のステップ関数）の場合，式（2.13）より $F(s)=k/s$ となる．これはよく用いられるラプラス変換である．

【例題 2.2】 $f(t)=\sin\omega t$ のラプラス変換を求めよ．

ラプラス変換は線形変換ゆえ，$\mathcal{L}[ax(t)]=a\mathcal{L}[x(t)]$ や $\mathcal{L}[x(t)+y(t)]=\mathcal{L}[x(t)]+\mathcal{L}[y(t)]$ が成り立つ．これとオイラーの式 $e^{j\theta}=\cos\theta+j\sin\theta$，$e^{-j\theta}=\cos\theta-j\sin\theta$ を用いて上記のラプラス変換を求める．オイラーの式の差を利用すると，

$$\sin\omega t=\frac{1}{2j}(e^{j\omega t}-e^{-j\omega t})$$

となり，これらを個別にラプラス変換し，例題 2.1 の結果を用いると，

$$\begin{aligned}F(s)&=\frac{1}{2j}(\mathcal{L}[e^{j\omega t}]-\mathcal{L}[e^{-j\omega t}])\\&=\frac{1}{2j}\left(\frac{1}{s-j\omega}-\frac{1}{s+j\omega}\right)\\&=\frac{\omega}{s^2+\omega^2} \tag{2.14}\end{aligned}$$

となる．

2.1 伝達関数とは　23

表 2.1 ラプラス変換表

$f(t)$	$F(s)$
デルタ関数 $\delta(t)$（単位インパルス）	1
ステップ関数 $u(t)=1$（単位ステップ）	$1/s$
ランプ関数 $r(t)=t$	$1/s^2$
$t^k/k!$	$1/s^{k+1}$; $k=0,1,2,\cdots$
e^{-at}	$1/(s+a)$
$\dfrac{t^k}{k!}e^{at}$	$\dfrac{1}{(s-a)^{k+1}}$; $k=0,1,2,\cdots$
$\sin \omega t$	$\omega/(s^2+\omega^2)$
$\cos \omega t$	$s/(s^2+\omega^2)$
$e^{-at}\sin \omega t$	$\omega/\{(s+a)^2+\omega^2\}$
$e^{-at}\cos \omega t$	$(s+a)/\{(s+a)^2+\omega^2\}$

　表 2.1 に代表的な関数のラプラス変換を示す．今後，ラプラス変換や第3章で述べるラプラス逆変換はこの表を用いて行う．

c. ラプラス変換の諸定理

以下にラプラス変換の主な定理を示す．

(1) 微　分

これは伝達関数を求めたり，微分方程式を解くときに用いる．

$$\mathcal{L}\left[\frac{df(t)}{dt}\right]=sF(s)-f(0) \tag{2.15}$$

$$\mathcal{L}\left[\frac{d^2f(t)}{dt^2}\right]=s^2F(s)-sf(0)-f^{(1)}(0) \tag{2.16}$$

n 階微分の場合，

$$\mathcal{L}\left[\frac{d^nf(t)}{dt^n}\right]=s^nF(s)-s^{n-1}f(0)-s^{n-2}f^{(1)}(0)-\cdots-f^{(n-1)}(0) \tag{2.17}$$

(2) 積　分

これも伝達関数を求めるときに用いる．

$$\mathcal{L}\left[\int_0^t f(\tau)d\tau\right]=\frac{F(s)}{s} \tag{2.18}$$

(3) 最終値の定理

これは，定常偏差を求めるときなど，s 領域のままで，最終値が計算できる

ので便利である．

$$\lim_{t \to \infty} f(t) = \lim_{s \to 0} sF(s) \tag{2.19}$$

(4) 初期値の定理

$$\lim_{t \to 0} f(t) = \lim_{s \to \infty} sF(s) \tag{2.20}$$

2.2　基本要素の伝達関数

2.2.1　線形化

2.1節で述べたように，伝達関数はすべて線形微分方程式に基づいている．しかし，自然界や工学分野における伝達要素は線形とは限らない．むしろ，非線形な要素のほうが多い．ここでは，非線形要素を線形要素として扱う方法，すなわち線形化（linearization）について述べる．

図2.5はタンク給水系であり，流体系の代表例である．

いま，

　$q_i(t)$：タンクへの流入流量 [m³/s]

　$q_o(t)$：タンクからの流出流量 [m³/s]

　$h(t)$：液面の水位 [m]

　A：タンクの断面積 [m²]

　A_0：出口弁の開口面積 [m²]

とし，微小 δt 時間の間のタンク内の水体積の収支（蓄積体積＝流入体積－流出体積）を考えると次式が成り立つ．

$$A\delta h(t) = q_i(t)\delta t - q_o(t)\delta t \tag{2.21}$$

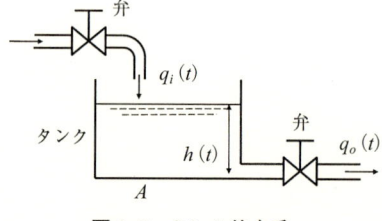

図2.5　タンク給水系

両辺を δt で割って，

$$\lim_{\delta t \to 0}\frac{\delta h(t)}{\delta t}=\frac{dh(t)}{dt}$$

と微分の形で表すと，次式となる．

$$A\frac{dh(t)}{dt}=q_i(t)-q_o(t) \tag{2.22}$$

また，出口弁を通って流出する流量と水位の関係は，流体力学におけるトリチェリの定理より次式で表される．

$$q_o(t)=A_o\sqrt{2gh(t)} \tag{2.23}$$

式（2.23）を式（2.22）に代入し，$h(t)$ に関する項を左辺に移項すると次式を得る．

$$A\frac{dh(t)}{dt}+A_o\sqrt{2gh(t)}=q_i(t) \tag{2.24}$$

これが，伝達要素（タンク）への入力 $q_i(t)$ と出力 $h(t)$ との関係を表す微分方程式となるが，今までの微分方程式と異なり，非線形成分 $\sqrt{h(t)}$ を含んでいるので，非線形微分方程式である．このままでは伝達関数が求められないので，式（2.24）の線形化を行う．

いま，平衡状態 (h_o, q_{io}) を考えその周りで線形化を行う．平衡状態では水位の時間変化がなく $dh(t)/dt=0$ ゆえ，式（2.24）より次式が成り立つ．

$$A_o\sqrt{2gh_o}=q_{io} \tag{2.25}$$

さて，平衡状態周りの動きを考えるので，$h(t)=h_o+\delta h(t)$，$q_i(t)=q_{io}+\delta q_i(t)$ とおき，これらを式（2.24）に代入する．h_o は一定値で微分が 0 ゆえ，式（2.24）は，

$$A\frac{d\delta h(t)}{dt}+A_o\sqrt{2g}\sqrt{h_o+\delta h(t)}=q_{io}+\delta q_i(t) \tag{2.26}$$

となる．ここで，非線形成分の $\sqrt{h_o+\delta h(t)}$ をテイラー級数展開すると，

$$\sqrt{h_o+\delta h(t)}=\sqrt{h_o}+\frac{1}{2}h_o^{-\frac{1}{2}}\delta h(t)-\frac{1}{8}h_o^{-\frac{3}{2}}\{\delta h(t)\}^2+\cdots \tag{2.27}$$

となる．$\{\delta h(t)\}^2$ 以降の項は小さいので右辺第 3 項以降を省略したものを，式（2.26）に代入し，式（2.25）を考慮すると次式を得る．

$$A\frac{d\delta h(t)}{dt}+A_o\sqrt{\frac{g}{2h_o}}\delta h(t)=\delta q_i(t) \tag{2.28}$$

ここで，改めて，$\delta h(t) \to h(t)$, $\delta q_i(t) \to q_i(t)$ とおき，$\dfrac{1}{R}=A_o\sqrt{\dfrac{g}{2h_o}}$ とおくと，

$$A\frac{dh(t)}{dt}+\frac{1}{R}h(t)=q_i(t) \tag{2.29}$$

となる．これは，線形微分方程式である．

以上の線形化は式（2.24）について行ったが，非線形特性を示す式（2.23）について，$h(t)=h_o+\delta h(t)$, $q_o(t)=q_{oo}+\delta q_o(t)$ とおき，同様な線形化を行いその結果を式（2.22）に代入してもよい．さて，線形化の持つ意味を考えてみよう．非線形特性となる出口流量と水位の関係である式（2.23）をグラフにすると，図 2.6 となる．平衡点 $P(h_o, q_{oo})$ における接線の傾きは $1/R$ である．したがって，平衡点周りで線形化するということは，元々の非線形特性を直線で近似し，平衡点を改めて原点として出口流量と水位の関係を次の線形特性で表すことである．

$$q_o(t)=\frac{1}{R}h(t) \tag{2.30}$$

なお，上式における R は出口弁の開口面積 A_o に逆比例する流路抵抗 [s/m²] であり，開口面積が小さくなると抵抗 R は増加し流体は流れにくくなる．

さて，式（2.23）は，図 2.6 において，広い範囲で成り立つ非線形特性である．そして，式（2.30）は平衡点周りの狭い範囲（非線形特性との誤差が小さい範囲）で使用できる線形特性である．制御対象や伝達要素は多かれ少なかれ非線形特性を持っている．しかし，動作範囲を限定すると線形特性とみなせる場合が多い．2.1 節で取り上げた二次元倒立振子も倒立点（鉛直状態）から大

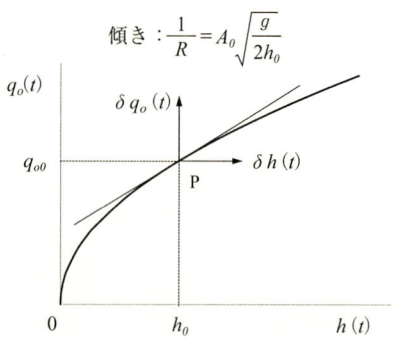

図 2.6 流量-水位特性の線形化

きく外れると完全な非線形特性を示すが，倒立点周りで線形化を行って制御系を設計することにより，安定化制御が実現できる．

2.2.2 アナロジーと基本要素の伝達関数

ここでは，基本的な6つの伝達要素の伝達関数について，電気系，機械系，流体系などの具体例を挙げながら説明する．その前にアナロジー（類似，類推）について述べる．電気系，機械系，流体系，熱系などには，よく似た関係や法則がある．機械系と電気系を考えた場合，力-電圧，速度-電流の「力-電圧アナロジー」と，力-電流，速度-電圧の「力-電流アナロジー」がある．例として，直感的に理解しやすい力-電圧アナロジーについて，電気系，流体系，機械系（直進運動），機械系（回転運動）のアナロジーをまとめて表2.2に示す．伝達関数を導く際や，自分の苦手な分野の物理現象を理解する際にこれらのアナロジーを利用するとよい．

a. 比例要素　$G(s)=K$

（電気系）電気抵抗

図2.7に抵抗回路を示す．図において，電圧 $v(t)$ [V] を示す矢印は，矢がついているほうが高電位側であり，電流 $i(t)$ [A] の流れは右向きとなる．抵抗を R [Ω] とし，オームの法則より次式が成り立つ．ラプラス変換すると，

$$v(t)=R \cdot i(t), \qquad V(s)=R \cdot I(s)$$

表2.2　力-電圧アナロジー

電気系	流体系	機械系（直進運動）	機械系（回転運動）
電圧 v [V]	水位(圧力) h [m]	力 f [N]	トルク τ [Nm]
電流 i [A]	流量 q [m³/s]	速度 v [m/s]	角速度 ω [rad/s]
電気抵抗 R [Ω]	流路抵抗 R [s/m²]	粘性抵抗 D [Ns/m]	回転抵抗 B [Nms]
$v=R \cdot i$	$h=R \cdot q$	$f=D \cdot v$	$\tau=B \cdot \omega$
電気容量 C [F]	タンク断面積 A [m²]	ばね k [N/m]	回転ばね G [Nm/rad]
$v=\dfrac{1}{C}\int i\,dt$	$h=\dfrac{1}{A}\int q\,dt$	$f=k\int v\,dt=kx$	$\tau=G\int \omega\,dt=G\theta$
インダクタンス L [H]	該当なし	慣性質量 m [kg]	慣性モーメント J [kgm²]
$v=L\dfrac{di}{dt}$		$f=m\dfrac{dv}{dt}$	$\tau=J\dfrac{d\omega}{dt}$
キルヒホッフの電圧法則	水位の平衡	力の平衡(運動方程式)	トルクの平衡(運動方程式)
$\sum v_i=0$	$\sum h_i=0$	$\sum f_i=0$	$\sum \tau_i=0$
キルヒホッフの電流法則	連続の式	速度の平衡	角速度の平衡
$\sum i_i=0$	$\sum q_i=0$	$\sum v_i=0$	$\sum \omega_i=0$

図2.7 電気抵抗　　　　　　　　　　**図2.8** コイル

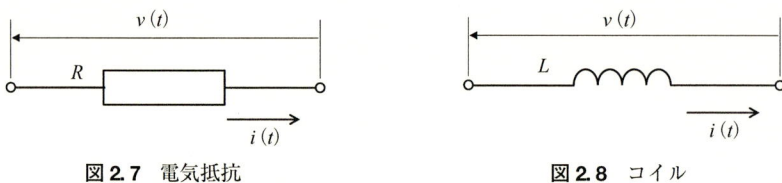

となり，電流 $I(s)$ を入力，電圧 $V(s)$ を出力とする伝達関数は次式のように定数となる．このような要素を比例要素といい，比例要素には時間遅れがない．

$$G(s) = \frac{V(s)}{I(s)} = R \tag{2.31}$$

表2.2のアナロジーを見てわかるように，機械系の粘性抵抗，流体系の流路抵抗も比例要素であり，同じような伝達関数となる．なお，流体系の流路抵抗（流量-水位特性）は式（2.30）で述べたように線形近似したものである．

b. 微分要素　$G(s)=s$，または $G(s)=ks$

（電気系）コイル

図2.8にコイル回路を示す．コイルのインダクタンスを L [H] とすると，次式が成り立ち，両辺をラプラス変換し，初期値を0とすると，

$$v(t) = L\frac{di(t)}{dt}, \quad V(s) = LsI(s)$$

となる．電流 $I(s)$ を入力，電圧 $V(s)$ を出力とする伝達関数は次式で表される．

$$G(s) = \frac{V(s)}{I(s)} = Ls \tag{2.32}$$

これは，入力を時間で微分して L 倍したものが出力であることを示している．

表2.2のアナロジーを見てわかるように，機械系の慣性質量や慣性モーメントも微分要素である．なお，流体系には該当するものがない．

c. 積分要素　$G(s)=1/s$，または $G(s)=k/s$

（電気系）コンデンサ

図2.9にコンデンサ回路を示す．コンデンサの容量を C [F] とすると，次式が成り立ち，両辺をラプラス変換すると，

$$v(t) = \frac{1}{C}\int i(t)dt, \quad V(s) = \frac{1}{Cs}I(s)$$

となる．電流 $I(s)$ を入力，電圧 $V(s)$ を出力とする伝達関数は次式で表される．

$$G(s) = \frac{V(s)}{I(s)} = \frac{1}{Cs} \tag{2.33}$$

図 2.9　コンデンサ　　　　　　　　図 2.10　RC 回路

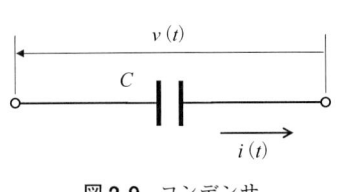

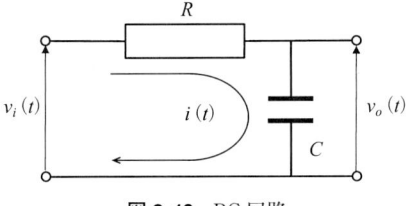

　表 2.2 のアナロジーを見てわかるように，機械系のばねや流体系のタンクも積分要素である．積分要素は電荷や流体などを貯める（積算）要素である．

d. 一次遅れ要素

$$G(s) = \frac{K}{1+Ts} \tag{2.34}$$

または，

$$G(s) = \frac{b}{s+a} \tag{2.35}$$

　式 (2.34) は一次遅れ要素の標準形，式 (2.35) は一般形である．これらの式の分母が s の一次式であるので一次遅れ要素と呼ばれる．標準形において，K はゲイン定数（gain constant，単位は要素により異なる），T は時定数（time constant，単位は時間 [s]）と呼ばれ，T は要素の応答（出力の時間変化．応答の詳細は第 3 章参照）の速さを知る重要なパラメータである．一次遅れ要素は自然界や工学分野に多く見られる基本的な伝達要素である．

（電気系）RC 回路

　図 2.10 に RC 回路を示す．キルヒホッフの第二法則である電圧法則（起電力＝電圧降下の和）より次式を得る．

$$v_i(t) = R \cdot i(t) + v_o(t) \tag{2.36}$$

また，コンデンサ両端の電圧は 2.1 節で示したように次式で表される．

$$v_o(t) = \frac{1}{C} \int i(t) dt \tag{2.37}$$

これらをラプラス変換すると，次式となる．

$$V_i(s) = R \cdot I(s) + V_o(s) \tag{2.38}$$

$$V_o(s) = \frac{1}{Cs} I(s) \tag{2.39}$$

伝達関数として，電圧 $V_i(s)$ を入力，電圧 $V_o(s)$ を出力とするものや，電圧

$V_i(s)$ を入力, 電流 $I(s)$ を出力とするものが考えられる. ここでは, 前者を求めることにする. そのために両式から $I(s)$ を消去する. すなわち, 式 (2.39) から $I(s) = CsV_o(s)$ を求め, これを式 (2.38) に代入すると,

$$V_i(s) = RCsV_o(s) + V_o(s) \tag{2.40}$$

となり, これより次の伝達関数が得られる.

$$G(s) = \frac{V_o(s)}{V_i(s)} = \frac{1}{1+RCs} \tag{2.41}$$

この要素の時定数は $T=RC$ である. 例えば, $R=4\,\mathrm{k\Omega}$, $C=20\,\mu\mathrm{F}$ の場合, 時定数は $T=RC=4\times10^3\times20\times10^{-6}=0.08\,\mathrm{s}$ となる.

(機械系)

2.1.2 項で述べた車の推進力 $F\,[\mathrm{N}]$ から, 車速 $V\,[\mathrm{m/s}]$ までの伝達関数は, 式 (2.10) を, 一次遅れ要素の標準形で表して次式となる.

$$G_2(s) = \frac{V(s)}{F(s)} = \frac{\frac{1}{c}}{1+\frac{m}{c}s} \tag{2.42}$$

この要素の時定数は $T=m/c$, ゲイン定数は $K=1/c$ で与えられる. 例えば, $m=1200\,\mathrm{kg}, c=500\,\mathrm{kg/s}$ のとき, 時定数は $T=m/c=2.4\,\mathrm{s}$, ゲイン定数は $K=1/c=0.002\,\mathrm{m/(Ns)}$ となる.

電気系, 機械系, 流体系などすべてにおいて, 単位は基本単位 (kg, m, s, V, A, Ω, F など) で計算し, 最後に必要な単位に換算するとよい.

(流体系)

2.2.1 項で述べたタンク給水系も代表的な一次遅れ要素である. 式 (2.29) と式 (2.30) をラプラス変換し, 初期値を 0 とすると, 次式が得られる.

$$AsH(s) + \frac{1}{R}H(s) = Q_i(s) \tag{2.43}$$

$$Q_o(s) = \frac{1}{R}H(s) \tag{2.44}$$

これも, RC 回路と同様, いくつかの伝達関数が考えられる. 流入流量 $Q_i(s)$ を入力, 流出流量 $Q_o(s)$ を出力とする伝達関数 $G_1(s)$ は, 両式から $H(s)$ を消去して, 次式で表される.

$$G_1(s) = \frac{Q_o(s)}{Q_i(s)} = \frac{1}{1+ARs} \tag{2.45}$$

また，流入流量 $Q_i(s)$ を入力，水位 $H(s)$ を出力とする伝達関数 $G_2(s)$ は，式 (2.43) より次式で表される．

$$G_2(s) = \frac{H(s)}{Q_i(s)} = \frac{R}{1+ARs} \tag{2.46}$$

いずれの場合も，時定数は $T=AR$ である．

e. 二次遅れ要素

$$G(s) = \frac{\omega_n^2}{s^2 + 2\zeta\omega_n s + \omega_n^2} \tag{2.47}$$

または，

$$G(s) = \frac{c}{s^2 + as + b} \tag{2.48}$$

式 (2.47) は二次遅れ要素の標準形，式 (2.48) は一般形である．これらの式の分母が s の二次式であるので二次遅れ要素と呼ばれる．標準形において，ζ は減衰係数（単位は無次元），ω_n は固有角周波数 [rad/s] と呼ばれ，二次遅れ要素の特性を表す 2 つの重要なパラメータである．二次遅れ要素も工学分野で多く見られる基本的な伝達要素である．

（電気系）LRC 回路

図 2.11 に LRC 回路を示す．キルヒホッフの第二法則より次式を得る．

$$v_i(t) = L\frac{di(t)}{dt} + R \cdot i(t) + v_o(t) \tag{2.49}$$

また，コンデンサ両端の電圧は次式で表される．

$$v_o(t) = \frac{1}{C}\int i(t)dt \tag{2.50}$$

これらをラプラス変換すると，次式を得る．

$$V_i(s) = LsI(s) + R \cdot I(s) + V_o(s) \tag{2.51}$$

$$V_o(s) = \frac{1}{Cs}I(s) \tag{2.52}$$

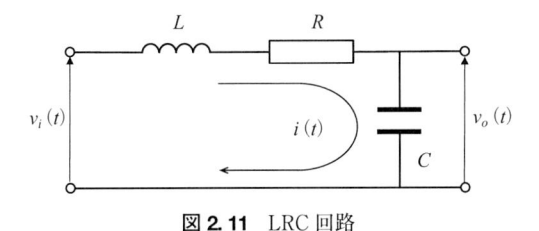

図 2.11 LRC 回路

電圧 $V_i(s)$ を入力，電圧 $V_o(s)$ を出力とする伝達関数を求めるために両式から $I(s)$ を消去する．例えば，式（2.52）から $I(s)=CsV_o(s)$ を求め，これを式（2.51）に代入すると，

$$V_i(s)=(Ls+R)CsV_o(s)+V_o(s)$$

となり，これより次の伝達関数が得られる．

$$G(s)=\frac{V_o(s)}{V_i(s)}=\frac{1}{LCs^2+RCs+1} \qquad (2.53)$$

【例題 2.3】 各パラメータが以下の値であるとき，伝達関数の最終形を求め，減衰係数 ζ と固有角周波数 ω_n の値を求めよ．$L=200\,\mathrm{H}$, $R=3\,\mathrm{k\Omega}$, $C=100\,\mu\mathrm{F}$.

各パラメータの値を式（2.53）に入れ，分母の s^2 の係数が1となるようにすると次式となる．

$$G(s)=\frac{1}{200\times100\times10^{-6}s^2+3\times10^3\times100\times10^{-6}s+1}$$
$$=\frac{50}{s^2+15s+50}$$

式（2.47）と対応させると，$\omega_n^2=50$, $2\zeta\omega_n=15$ より，$\omega_n=7.07\,\mathrm{rad/s}$, $\zeta=1.06$ となる．なお，固有角周波数を通常の周波数 f_n [Hz] に換算すると，$f_n=\omega_n/2\pi=1.13\,\mathrm{Hz}$ となる．

このように，具体的な伝達関数は，電気系，機械系，流体系など対象に関係なく，すべて s の式で表され，次数や極の値により要素の特性がわかる．

（機械系）質量-ばね-ダンパ系

図 2.12 に機械振動系である質量-ばね-ダンパの二次振動系を示す．これは図 2.3 の台車の運動と基本的には同じであるが，ここでは，$u(t)$ は変位ではなく外力 [N] としている．さて，おもりの重量とばね力が釣り合った平衡状態か

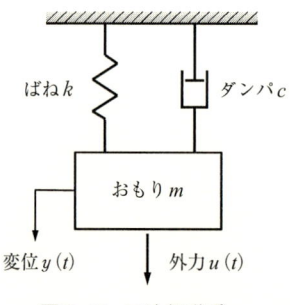

図 2.12 二次振動系

らの運動について考える．下向きを正として，力の平衡を考えると次の運動方程式が得られる．

$$m\frac{d^2y(t)}{dt^2} = u(t) - ky(t) - c\frac{dy(t)}{dt} \tag{2.54}$$

ラプラス変換し，すべての初期値 $(y(0), y^{(1)}(0))$ を 0 とすると，次式となる．

$$ms^2Y(s) = U(s) - kY(s) - csY(s)$$

$Y(s)$ に関する項を左辺に移項して整理すると次式となる．

$$(ms^2 + cs + k)Y(s) = U(s) \tag{2.55}$$

そして，外力 $U(s)$ を入力，変位 $Y(s)$ を出力として伝達関数を求めると，

$$G(s) = \frac{Y(s)}{U(s)} = \frac{1}{ms^2 + cs + k} = \frac{\frac{1}{m}}{s^2 + \frac{c}{m}s + \frac{k}{m}} \tag{2.56}$$

となる．これより，固有角周波数は $\omega_n = \sqrt{k/m}$，減衰係数は $\zeta = c/2\sqrt{mk}$ であることがわかる．質量 m が大きくなると ω_n は小さくなり応答は遅くなるとともに，減衰係数 ζ は小さくなり，振動的となることがわかる．これらの応答については第 3 章で詳しく述べる．

【例題 2.4】 $m=10\,\mathrm{kg}, c=150\,\mathrm{kg/s}, k=4000\,\mathrm{N/m}$ の場合，伝達関数の最終形を求め，この要素の減衰係数 ζ と固有周波数 $f_n\,[\mathrm{Hz}]$ を求めよ．

式 (2.56) に各パラメータの値を入れると，伝達関数の最終形は，

$$G(s) = \frac{0.1}{s^2 + 15s + 400}$$

となり，これより，$\omega_n = 20\,\mathrm{rad/s}, \zeta = 0.375$ となる．また，$f_n = 3.18\,\mathrm{Hz}$ となる．

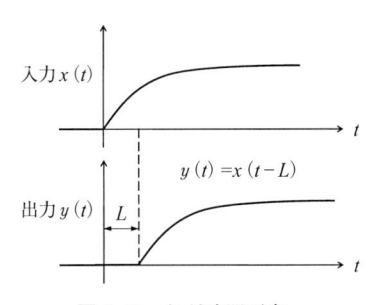

図 2.13 むだ時間要素

f. むだ時間要素　$G(s)=e^{-Ls}$，または $G(s)=ke^{-Ls}$

これは，図 2.13 に示すように，出力が時間 L だけ遅れる伝達要素である．したがって，入力 $x(t)$ と出力 $y(t)$ の関係は次式で表される．

$$y(t)=x(t-L) \tag{2.57}$$

ここで，L はむだ時間（dead time）といい，単位は時間（s）である．

さて，むだ時間要素がなぜ e^{-Ls} のような変わった形になるのかについて説明しよう．式（2.57）とラプラス変換の定義（式（2.11））より，出力 $Y(s)$ は，

$$Y(s)=\int_0^\infty y(t)e^{-st}dt$$
$$=\int_0^\infty x(t-L)e^{-st}dt$$

となる．ここで，$t-L=\tau$ とおくと，$t=0$ のとき $\tau=-L$，$t=\infty$ のとき $\tau=\infty$，$dt=d\tau$ となるので，

$$Y(s)=\int_{-L}^\infty x(\tau)e^{-s(\tau+L)}d\tau$$
$$=e^{-Ls}\int_{-L}^\infty x(\tau)e^{-s\tau}d\tau$$
$$=e^{-Ls}\left\{\int_{-L}^0 x(\tau)e^{-s\tau}d\tau+\int_0^\infty x(\tau)e^{-s\tau}d\tau\right\}$$

となる．ここで，右辺の { } 内の第 1 項は 0（$\tau<0$ のとき $x(\tau)=0$ ゆえ），第 2 項はラプラス変換の定義式，すなわち $X(s)$ である．したがって，

$$Y(s)=e^{-Ls}X(s)$$

となり，伝達関数 $G(s)=Y(s)/X(s)=e^{-Ls}$ が得られる．

次に，むだ時間要素の具体例である電磁弁を図 2.14 に示す．これは，電気-

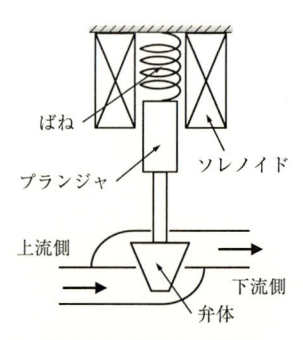

図 2.14　電磁弁の概略

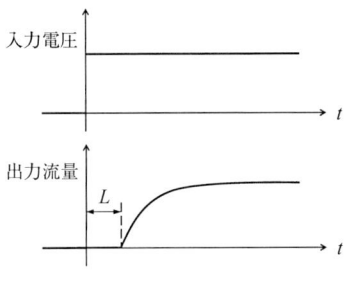

図 2.15　電磁弁の応答

機械-流体系の代表例であり，動作原理は以下のとおりである．通常，ばねの力で弁体が押さえつけられ弁は閉じている．そして，ソレノイドコイル（電磁石）に電圧が加えられると，電磁力によりプランジャが上方に引きつけられ弁体が上がり，弁が開くというものである．図 2.15 にソレノイドへの入力電圧と弁の出力流量の時間変化（応答）のグラフを示す．流量の応答を見ると，2 種類の動作遅れがあることに気づく．1 つは出力がまったく変化しない期間で，もう 1 つは出力がゆっくり上昇していく期間である．前者がむだ時間要素による遅れで，後者が一次遅れや二次遅れ要素による遅れである．では，電磁弁の場合，むだ時間の原因は何か．弁の動作原理から 2 つの要因が考えられる．1 つは，非通電時に弁を確実に閉じるための初期ばね力であり，もう 1 つはプランジャやロッド（軸）など摺動部の摩擦力である．通電して電磁力がこれらの力を上回ったときに弁が開き始め，流体が流れ始める．それまでの時間がむだ時間 L である．超小型電磁弁（大きさ $10\times20\times40$ mm，質量 15 g）でも 3 ms 程度のむだ時間がある．

　むだ時間が大きくなると，制御は難しくなる．特に，むだ時間がばらつく場合，制御は非常に困難である．むだ時間や摩擦の影響を小さくする工夫も制御工学の大きな課題である．

むだ時間はやっかいもの？　　　　　　　　　　　　　　　　　　　　**COLUMN**

　むだ時間はまさに死んだ時間（dead time）であり，入力が入っても，出力が出ない，すなわち，出力がうんともすんともいわない沈黙の時間である．これが大きいと，非常に制御しにくい．人間でも，相手に用件を伝えたときにすぐ返事がなかったり，すぐ行動したりしない場合は非常にやりにくい，扱いにくいものである．さらに，そのむだ時間が一定値でなく，気まぐれに変わるとなると，もはや制御不能である．例えば，車や自転車のハンドルを操縦して進む方向を変え

る場合，あるときは即座にステアリングでき，あるときは5秒間ほど遅れる，あるときは10秒間以上かかるといった具合に，伝達時間が一定していないと，恐ろしくて運転できない．たとえむだ時間が存在しても，その値が一定の場合は，慣れれば運転できそうである．実際，制御系設計においても，むだ時間が一定値の場合，対処する方法はある．その方法の要点は，むだ時間の期間中に入力された過去の操作量を常に記憶しておき，それらを考慮して次の操作量を計算するのである．

2.2.3 具体的要素の伝達関数

a. 直流サーボモータ

基本的な電気アクチュエータである DC サーボモータ（direct current servo motor）は典型的な電気-機械系の伝達要素である．その解析モデルを図 2.16 に示す．動作原理は以下のとおりである．入力電圧が加えられると，整流子とブラシ（電子的整流機構を持つものはブラシがなく，ブラシレスモータという）を介して回転子コイルに電流が流れる．この電流と固定子磁石の磁界の方向によりフレミングの左手の法則（磁界：人差し指，電流：中指，電磁力：親指）に従う方向に電磁力が発生し，トルクが発生する．このモータの伝達関数を求めてみよう．

いま，

$e(t)$：入力電圧 [V]

$i(t)$：電機子（回転子）コイルの電流 [A]

$e_b(t)$：逆起電力 [V]

$\theta(t)$：モータの回転角 [rad]

$\tau(t)$：モータ発生トルク [Nm]

R：電機子コイルの電気抵抗 [Ω]

L：電機子コイルのインダクタンス [H]

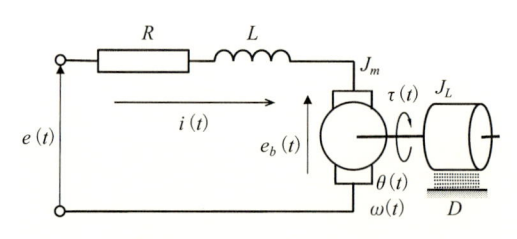

図 2.16 直流サーボモータ

J：電機子，軸，負荷の合計慣性モーメント $(=J_m+J_L)$ [kgm^2]
D：回転の粘性抵抗係数 [Nms/rad]
K_T：モータのトルク定数 [Nm/A]
K_b：逆起電力定数 [Vs/rad]

とする．まず，電気回路ではキルヒホッフの第二法則（電圧法則）により以下の式が成り立つ．

$$e(t) = R \cdot i(t) + L\frac{di(t)}{dt} + e_b(t) \tag{2.58}$$

ここで，逆起電力 $e_b(t)$ は回転角速度に比例するので，次式が成り立つ．

$$e_b(t) = K_b \frac{d\theta(t)}{dt} \tag{2.59}$$

また，回転子に発生するモータトルクは電流に比例するので，

$$\tau(t) = K_T \cdot i(t) \tag{2.60}$$

と表される．ここで，K_T はトルク定数であり，固定子磁石の磁束密度，電機子の長さや半径で決まる．小型でパワーのあるモータを開発するためには，この K_T を高める工夫が必要である．

次に，機械回路では回転運動に関する次の運動方程式が成り立つ．

$$J\frac{d^2\theta(t)}{dt^2} = \tau(t) - D\frac{d\theta(t)}{dt} \tag{2.61}$$

これらの式をラプラス変換し，初期値を0とし，整理すると次式を得る．

$$I(s) = \frac{1}{Ls+R}\{E(s) - E_b(s)\} \tag{2.62}$$

$$E_b(s) = K_b s \theta(s) \tag{2.63}$$

$$\tau(s) = K_T I(s) \tag{2.64}$$

$$\theta(s) = \frac{1}{Js^2 + Ds}\tau(s) \tag{2.65}$$

なお，一般にラプラス変換は大文字で表すが，$\theta(s)$ のように変数がギリシア文字の場合，便宜上，小文字のままにしておくことにする．さて，入力電圧 $E(s)$ を入力，モータ回転角 $\theta(s)$ を出力とする伝達関数を求めると，

$$G(s) = \frac{\theta(s)}{E(s)} = \frac{K_T}{s\{JLs^2 + (DL+JR)s + (DR+K_T K_b)\}} \tag{2.66}$$

となり，三次系であることがわかる．

【問題 2.1】 式（2.66）を導出せよ．また，入力電圧 $E(s)$ を入力，モータトルク $\tau(s)$ を出力とする伝達関数を求めよ．

b. 流体制御弁

図2.14で示した電磁弁を比例制御弁とみなして，解析モデルや伝達関数を求めることにする．すなわち．ソレノイドコイルの電流に比例して電磁力が発生し，ばね力と平衡する位置でプランジャ変位，それに比例した弁開口面積，すなわち出力流量が決まるという簡単なモデルを考えることにする．なお，ここではむだ時間は考えないことにする．

いま，

$e(t)$：入力電圧 [V]

$i(t)$：ソレノイドコイルに流れる電流 [A]

$x(t)$：プランジャの変位（＝弁体の変位）[m]

$f(t)$：ソレノイドの発生力 [N]

$q(t)$：出力流量 [m³/s]

R：ソレノイドコイルの電気抵抗 [Ω]

L：ソレノイドコイルのインダクタンス [H]

m：プランジャ，軸，弁体の合計の慣性質量 [kg]

k：ばね定数 [N/m]

D：プランジャ・ロッド・弁体の直進運動の粘性抵抗係数 [Ns/m]

K_F：ソレノイドの電流-力変換係数 [N/A]

B：弁の変位-流量変換係数 [m²/s]

とする．まず電気回路ではキルヒホッフの第二法則より以下の式が成り立つ．

$$e(t) = R \cdot i(t) + L \frac{di(t)}{dt} \tag{2.67}$$

ソレノイドによる発生電磁力は電流に比例するので次式で与えられる．

$$f(t) = K_F \cdot i(t) \tag{2.68}$$

次に，機械回路では直進運動に関する次の運動方程式が成り立つ．

$$m \frac{d^2 x(t)}{dt^2} = f(t) - kx(t) - D \frac{dx(t)}{dt} \tag{2.69}$$

最後に，流体回路は流量が弁体変位に比例するとして，次式を得る．

$$q(t) = B \cdot x(t) \tag{2.70}$$

これらの式をラプラス変換し，初期値を 0 とし，入力電圧 $E(s)$ を入力，流量 $Q(s)$ を出力とする伝達関数を求めると，

$$G(s)=\frac{Q(s)}{E(s)}=\frac{BK_F}{mLs^3+(DL+mR)s^2+(DR+kL)s+kR} \quad (2.71)$$

となる．

【問題 2.2】 式 (2.67)〜(2.70) のラプラス変換などを行い，式 (2.71) を導出せよ．

c. DC サーボモータ駆動のボールねじ機構

摩擦やバックラッシュが少なく伝達効率の高いボールねじ機構はよく使われる動力伝達機構である．代表的な駆動システムを図 2.17 に示す．これは，直流サーボモータの出力を歯車減速機，カップリング（軸の継ぎ手）を介してボールねじ（雄ねじ）に伝え，スライドテーブル（ボールベアリングが内封された雌ねじ）を駆動するというものである．この駆動システムについて，数式モデルを作成し，伝達関数を求める．

いま，

$\tau_m(t)$：モータ発生トルク [Nm]

$\theta_m(t)$：モータ回転角 [rad]

$\tau(t)$：負荷トルク [Nm]

$\theta(t)$：ボールねじ回転角 [rad]

$x(t)$：スライドテーブルの変位 [m]

$f(t)$：直進力（スライドテーブルに作用する力）[N]

J_m：モータ回転子や小歯車の慣性モーメント [kgm^2]

D_m：モータ回転運動の粘性抵抗係数 [Nms/rad]

λ：減速比（通常，$\lambda>1$）

J：負荷回転部（大歯車，カップリング，軸）の慣性モーメント [kgm^2]

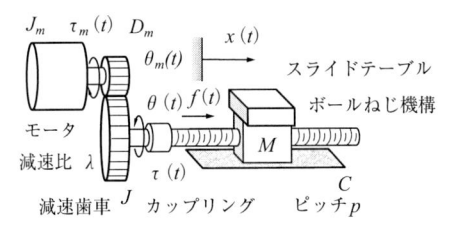

図 2.17 ボールねじ機構

M：スライドテーブルの質量 [kg]
C：スライドテーブル直進運動の粘性抵抗係数 [Ns/m]
p：ボールねじのピッチ（1回転に進む距離）[m]
k：直進-回転の変換係数（$=2\pi/p$）[rad/m]

とする．まず，モータ側の回転運動方程式は次式で表される．

$$J_m \frac{d^2\theta_m(t)}{dt^2} = \tau_m(t) - D_m \frac{d\theta_m(t)}{dt} - \frac{1}{\lambda}\tau(t) \tag{2.72}$$

そして，負荷トルクは次式で与えられる．

$$\tau(t) = J\frac{d^2\theta(t)}{dt^2} + \frac{1}{k}f(t) \tag{2.73}$$

右辺第 2 項の直進力をトルクに換算する項は，ボールねじが $\theta(t)$ 回転したときの仕事（力×距離）が直進運動するスライドテーブルの仕事 $f(t)x(t)$ に等しいとして導出できる．

また，直進力 $f(t)$ はスライドテーブルの運動方程式より，

$$f(t) = M\frac{d^2x(t)}{dt^2} + C\frac{dx(t)}{dt} \tag{2.74}$$

で表される．さらに，減速機やボールねじには以下の関係がある．

$$\theta_m(t) = \lambda \cdot \theta(t) \tag{2.75}$$

$$x(t) = \frac{p}{2\pi}\theta(t) = \frac{1}{k}\theta(t) \tag{2.76}$$

以上の式より，モータトルク $\tau(s)$ を入力，変位 $X(s)$ を出力とする伝達関数を求めると，

$$G(s) = \frac{X(s)}{\tau(s)} = \frac{\lambda \cdot k}{(\lambda^2 k^2 J_m + k^2 J + M)s^2 + (\lambda^2 k^2 D_m + C)s} \tag{2.77}$$

となる．分母の係数より，負荷側の直進運動から見るとモータ側の慣性モーメント J_m や粘性抵抗係数 D_m は $(\lambda k)^2$ 倍されることがわかる．

【問題 2.3】式 (2.72)〜(2.76) のラプラス変換などを行い，式 (2.77) を導出せよ．

d.（むだ時間+一次遅れ）要素

自然界や工学分野では，多くの現象が，（むだ時間+一次遅れ）要素で近似できることが多い．そのような要素の伝達関数は次式で与えられる．

$$G(s) = \frac{Ke^{-Ls}}{1+Ts} \tag{2.78}$$

2.3 制御系の表現

2.3.1 ブロック線図

制御系は複数の伝達要素から構成され，それらが結合し作用しあって目的とする機能を果たす．それらの結合状態を図で表すのがブロック線図である．ブロック線図は，単に要素の結合状態を表すだけでなく，制御系のモデル化や解析・設計の手段として用いられる．

ブロック線図の基本構成要素を図 2.18 に示す．信号（物理量）は矢印で表す．図の (a) はブロックといわれ，ブロックの中に伝達関数を書く．入出力の関係が，$Y(s) = G(s)X(s)$ で表される点が基本であり重要である．(b) は加え合わせ点（加算点ともいう）といわれ入力信号 $X(s), Y(s)$（3つ以上の場合もある）の加減算を表す．○に向かう信号には，必ず，＋か－の符号をつけて加算か減算かを示す．(c) は引き出し点といい，必要に応じて同一信号を引き出せる．あくまで引き出すだけなので，電気回路や流体回路における分岐のように電流や流量の大きさが変わるわけではない．また，いずれの要素も信号は矢印の向きにだけ進み，逆行はしない．

さて，2.2 節の直流サーボモータの伝達関数を，ブロック線図を用いて求め

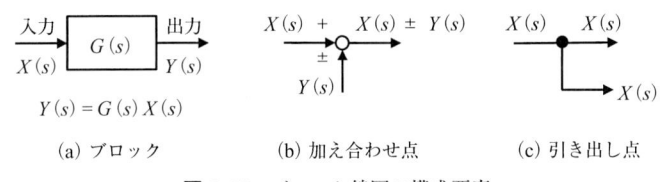

(a) ブロック　　　(b) 加え合わせ点　　　(c) 引き出し点

図 2.18 ブロック線図の構成要素

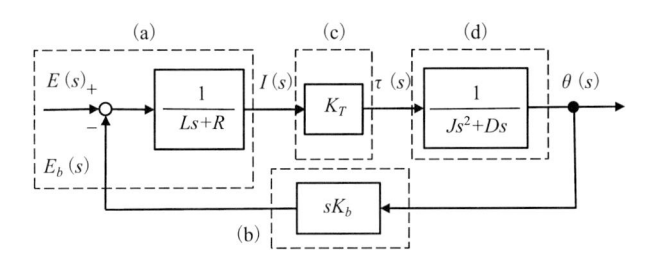

図 2.19 直流サーボモータのブロック線図

てみよう．式 (2.62)〜式 (2.65) をブロック線図で表現すると図 2.19 になる．図の破線で囲んだ部分 (a)〜(d) がそれぞれ式 (2.62)〜(2.65) に対応している．このように，ラプラス変換した式から簡単にブロック線図を作ることができる．このブロック線図をまとめていき，$E(s)$ を入力，$\theta(s)$ を出力とする1つのブロックにすると，式 (2.66) の伝達関数になる．これをブロック線図の簡単化（等価変換）という．

2.3.2 ブロック線図の簡単化

ブロック線図の簡単化を行うには，表 2.3 の等価変換則を用いる．これらは前述の3つの基本構成要素（図 2.18）の持つ意味から容易に導かれるが，ルールとして覚えておくと便利である．特にフィードバック結合則は便利である．基本的な変換則は，①直列結合，②並列結合，③フィードバック結合，④⑤加え合わせ点の移動，⑥⑦引き出し点の移動，⑧⑨信号の反転である．この他に，加え合わせ点同士の移動（交換）や引き出し点同士の自由な移動もある．

例として，フィードバック結合則について2つの方法で導く．
（式を用いる方法）

図 2.20(a) において，信号 $B(s)$ は $H(s)Y(s)$，信号 $A(s)$ は $X(s)-B(s)$，すなわち $X(s)-H(s)Y(s)$，そして $Y(s)$ は $G(s)A(s)$，すなわち $Y(s)=G(s)\{X(s)-H(s)Y(s)\}$ となる．この式を整理すると，次のフィードバック結合則が得られる．

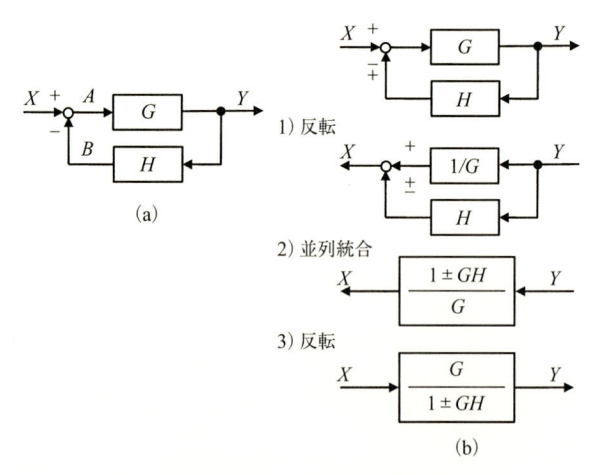

図 2.20 フィードバック結合

表 2.3 等価変換則

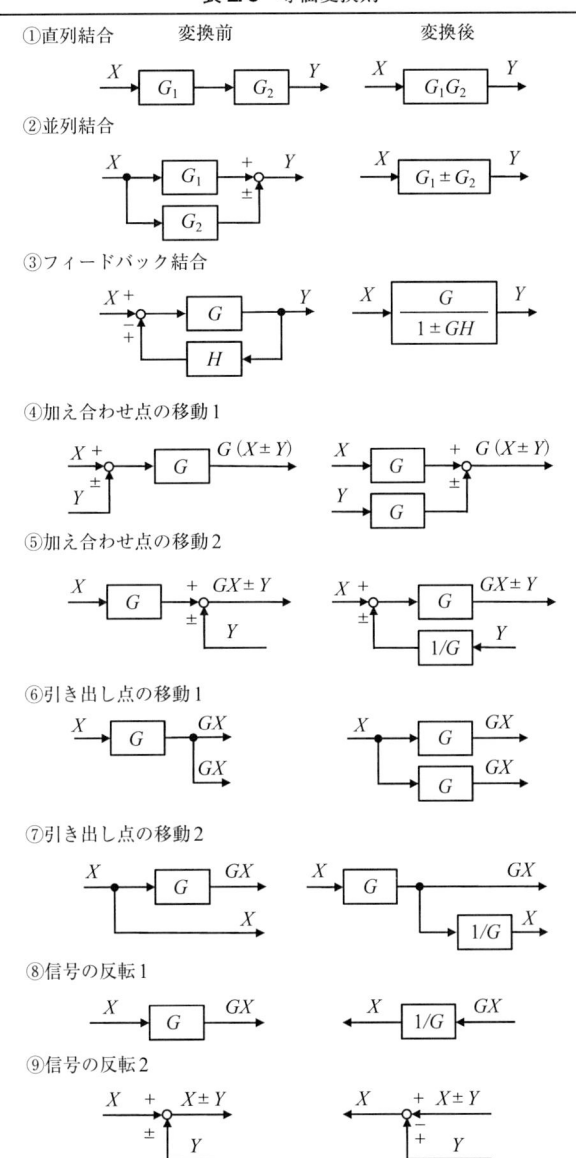

① 直列結合

変換前: $X \to [G_1] \to [G_2] \to Y$

変換後: $X \to [G_1 G_2] \to Y$

② 並列結合

変換前: X が G_1 と G_2 に分岐し、加え合わせ点で $\pm$ されて Y

変換後: $X \to [G_1 \pm G_2] \to Y$

③ フィードバック結合

変換前: $X \xrightarrow{+} \bigcirc \xrightarrow{-} [G] \to Y$、$Y$ から $[H]$ を通って戻る

変換後: $X \to \left[\dfrac{G}{1 \pm GH}\right] \to Y$

④ 加え合わせ点の移動 1

変換前: $(X \pm Y) \to [G] \to G(X \pm Y)$

変換後: $X \to [G] \to \bigcirc \to G(X \pm Y)$、$Y \to [G] \to $ 加え合わせ点

⑤ 加え合わせ点の移動 2

変換前: $X \to [G] \to \bigcirc \xrightarrow{\pm Y} GX \pm Y$

変換後: $X \to \bigcirc \to [G] \to GX \pm Y$、$Y \to [1/G] \to $ 加え合わせ点

⑥ 引き出し点の移動 1

変換前: $X \to [G] \to GX$(分岐して GX が2本)

変換後: $X \to [G] \to GX$、分岐した他方も $X \to [G] \to GX$

⑦ 引き出し点の移動 2

変換前: $X \to [G] \to GX$、X も分岐して出力

変換後: $X \to [G] \to GX$、分岐から $[1/G] \to X$

⑧ 信号の反転 1

変換前: $X \to [G] \to GX$

変換後: $GX \leftarrow [1/G] \leftarrow X$

⑨ 信号の反転 2

変換前: $X \xrightarrow{+} \bigcirc \xrightarrow{\pm Y} X \pm Y$

変換後: $X \pm Y \xleftarrow{+} \bigcirc \xleftarrow{-} X$、$Y$ が加え合わせ点へ

$$\frac{Y(s)}{X(s)} = \frac{G(s)}{1+G(s)H(s)}$$

比較的簡単な制御系のブロック線図であれば，この方法で求めることができる．すなわち，注目する2つの信号について，ブロック線図から1つの式を導き，伝達関数を求める．複雑なブロック線図の場合は，必要最小限の中間信号を追加し，複数の関係式をもとに，最終的な伝達関数を求める．

(等価変換則を用いる方法)

図2.20(b)において，まず，1)の反転を行う．すなわち，ブロックの中の伝達関数は逆数，加え合わせ点の符号は逆になるので1)のようになる．次に並列結合を統合して，2)になる．最後に再び反転すると，3)の最終結果となる．

【例題 2.5】 図2.19の直流サーボモータのブロック線図の簡単化を行い，伝達関数 $G(s)=\theta(s)/E(s)$ を求め，式 (2.66) となることを示せ．

図2.19において，3つの直列結合の伝達関数を統合すると，

$$\frac{K_T}{(Ls+R)(Js^2+Ds)}$$

となる．そして，フィードバック結合則を適用し，分母分子に $(Ls+R)(Js^2+Ds)$ を掛けると，

$$G(s) = \frac{\dfrac{K_T}{(Ls+R)(Js^2+Ds)}}{1+\dfrac{K_T}{(Ls+R)(Js^2+Ds)}\cdot sK_b}$$

$$= \frac{K_T}{(Ls+R)(Js^2+Ds)+sK_{T_b}}$$

となり，分母を整理すると，式 (2.66) になる．

ここで，ブロック線図の簡単化を行う手順をまとめておく．

手順1) 信号線が交差しないように引き出し点などを移動する．
手順2) 直列結合や並列結合をまとめる．
手順3) フィードバック結合をまとめる．

【例題 2.6】 図2.21のブロック線図の簡単化を行い，伝達関数 $G(s)=Y(s)/X(s)$ を求めよ．

上記の手順に従って簡単化を行う．このブロック線図は交差しているので，引き出し点Aなどを移動し，交差しない形（入れ子）にする．移動の方法はいくつかあるが，ここでは，点Aを左に移動することにする．Aの引き出し点を移動するために変換則⑥を適用すると，図(b)のようになる．これは入れ子の形になっている．次

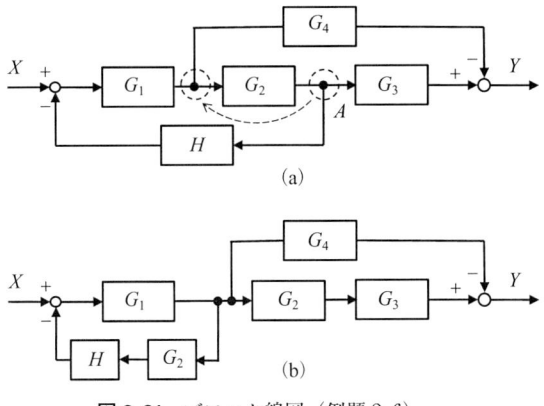

図 2.21　ブロック線図（例題 2.6）

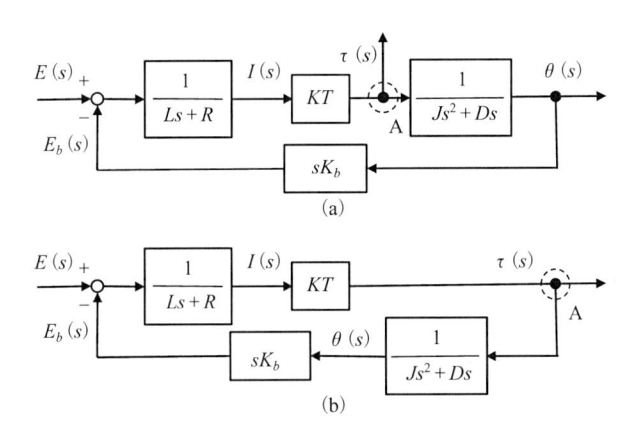

図 2.22　直流サーボモータのブロック線図

に手順 2) に従い，直列結合の統合；$G_2(s)G_3(s)$ や $G_2(s)H(s)$ を行い，さらに，並列結合の統合；$G_2(s)G_3(s)-G_4(s)$ やフィードバック結合により，以下のようになる．

$$G(s) = \frac{G_1(s)}{1+G_1(s)G_2(s)H(s)} \cdot \{G_2(s)G_3(s)-G_4(s)\}$$

$$= \frac{G_1(s)\{G_2(s)G_3(s)-G_4(s)\}}{1+G_1(s)G_2(s)H(s)} \tag{2.79}$$

なお，引き出し点は必要に応じて自由に設けることができる．例として，再び直流サーボモータのブロック線図（図 2.19）を取り上げ，ブロック線図から，入力電圧 $E(s)$ を入力，モータトルク $\tau(s)$ を出力とする伝達関数を求めてみよう．図 2.22(a) のように，$\tau(s)$ のところに新たな引き出し点を設け，これ

が右端（出力）にくるようにブロック線図を変形すると，(b)のようになる．このブロック線図の等価変換を行うと，$\tau(s)/E(s)$ を求めることができる．

$$G(s) = \frac{\tau(s)}{E(s)} = \frac{K_T(Js+D)}{JLs^2+(DL+JR)s+(DR+K_TK_b)} \tag{2.80}$$

まとめ

メカトロニクス制御システムや伝達要素などの特性を表現する代表的な方法である伝達関数法について述べた．伝達関数モデルでは，入力と伝達関数の積が出力になり，要素を結合した場合，単に積や和の形で表されるので，微分方程式モデルに比べて便利である．微分方程式から伝達関数を求める際にラプラス変換が必要となるが，要点は，時間の関数である $y(t)$ を $Y(s)$，微分のところを $d/dt \to s, d^2/dt^2 \to s^2, \cdots$ と置き換えるだけでよい．また，代表的な伝達関数は6つほどなので，それらをしっかり理解し応用できることが大切である．さらに，制御系の構成を表す方法であるブロック線図やその等価変換について述べた．ブロック線図は伝達関数の導出にも使えるが，制御系全体の設計や解析に用いるので十分理解しておく必要がある．

◆ 演習問題

2.1 倒立振子の安定化制御において，振子の長さが短くなると制御が困難になる理由を考えよ．

2.2 微分方程式モデルに比べ，伝達関数モデルが便利な点を述べよ．

2.3 （むだ時間＋一次遅れ）要素の具体例を挙げ，その伝達関数例を書け．

2.4 図2.23の機械振動系において，力 $U(s)$ を入力，変位 $X_1(s)$ を出力とする伝達関数 $G(s)$ と，力 $U(s)$ を入力，変位 $X_2(s)$ を出力とする伝達関数 $F(s)$ を求めよ．ここで，m は質量，k はばね定数，c は粘性抵抗係数である．

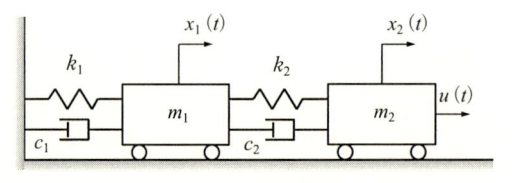

図2.23 機械振動系

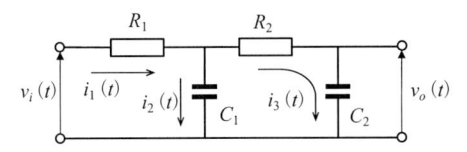

図 2.24 電気回路（演習問題 2.5）

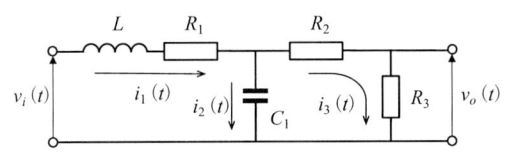

図 2.25 電気回路（演習問題 2.6）

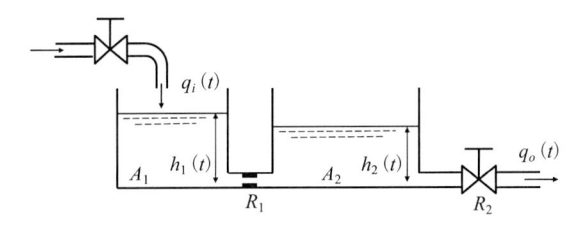

図 2.26 流体タンク系

2.5 図 2.24 の電気回路において，電圧 $V_i(s)$ を入力，電圧 $V_o(s)$ を出力とする伝達関数 $G(s)$ と，電圧 $V_i(s)$ を入力，電流 $I_1(s)$ を出力とする伝達関数 $F(s)$ を求めよ．ここで，R は電気抵抗，C は電気容量である．

2.6 図 2.25 の電気回路において，電圧 $V_i(s)$ を入力，電圧 $V_o(s)$ を出力とする伝達関数 $G(s)$ を求めよ．ここで，L はインダクタンスである．

2.7 図 2.26 の流体タンク系において，流量 $Q_i(s)$ を入力，流量 $Q_o(s)$ を出力とする伝達関数 $G_1(s)$ と，流量 $Q_i(s)$ を入力，水位 $H_2(s)$ を出力とする伝達関数 $F(s)$ を求めよ．ここで，A はタンク断面積，R は流路抵抗である．

2.8 図 2.27 の流体系（カスケード結合）において，流量 $Q_i(s)$ を入力，流量 $Q_o(s)$ を出力とする伝達関数 $G_2(s)$ を求め，前問 2.7 の $G_1(s)$ と比較せよ．

2.9 図 2.28 の一次元倒立振子について以下の問いに答えよ．なお，$x(t)$ は台車変位，$\theta(t)$ は振子の角度，$u(t)$ は台車に加える力，M は台車質量，m は振子質量，D は台車の粘性抵抗係数，C は振子の粘性抵抗係数，J は振子の重心周りの慣性モーメント，L は振子の回転軸-重心間距離である．また，振子の長さは $2L$ である．
(1) 台車の水平方向（x 方向）の運動方程式と振子の回転軸周りの運動方程式が次式

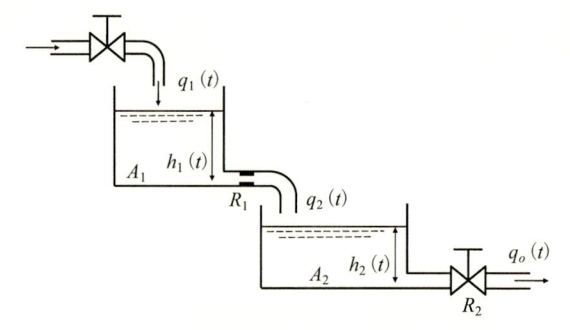

図2.27 流体系（カスケード結合）

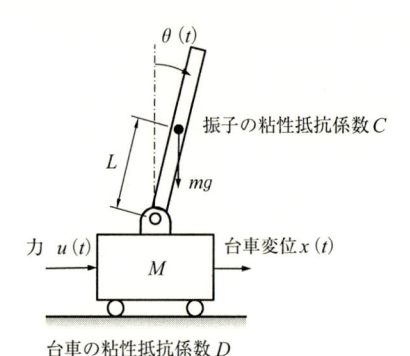

図2.28 倒立振子

となることを示せ.

$$(M+m)\frac{d^2x(t)}{dt^2}+(mL\cos\theta)\frac{d^2\theta(t)}{dt^2}=-D\frac{dx(t)}{dt}+mL\left\{\frac{d\theta(t)}{dt}\right\}^2\sin\theta(t)+u(t) \quad (2.81)$$

$$mL\cos\theta(t)\frac{d^2x(t)}{dt^2}+(J+mL^2)\frac{d^2\theta(t)}{dt^2}=-C\frac{d\theta(t)}{dt}+mLg\sin\theta(t) \quad (2.82)$$

(2) 上式の非線形微分方程式を，倒立状態（角度 $\theta(t)=0$）付近で線形近似（$\sin\theta\fallingdotseq\theta$, $\cos\theta\fallingdotseq1$）し，線形化せよ．

(3) 得られた線形微分方程式を用いて，力 $U(s)$ を入力，角度 $\theta(s)$ を出力とする伝達関数 $G(s)$ と，変位 $X(s)$ を入力，角度 $\theta(s)$ を出力とする伝達関数 $F(s)$ を求めよ．

(4) 各パラメータが以下の値であるとき，伝達関数 $G(s)$ と $F(s)$ の最終形を求めよ．なお，分母の最高次数の係数は1とせよ．$M:2.4$ kg, $m:0.08$ kg, $L:0.44$ m, $J:0.008$ kgm^2, $D:8$ kg/s, $C:0.02$ kg^2/s

2.10 図2.29のブロック線図を，引き出し点や加え合わせ点を移動するいくつかの方法で等価変換し，伝達関数 $G(s)=Y(s)/X(s)$ を求めよ．

2.11 図2.30のブロック線図を，式を用いて等価変換する方法で伝達関数を求めよ．例え

ば，$G_2(s)$ の出力信号を $A(s)$ として追加し，ブロック線図で成り立つ 2 つの関係式を求め，$A(s)$ を消去して伝達関数 $G(s) = Y(s)/X(s)$ を求める．

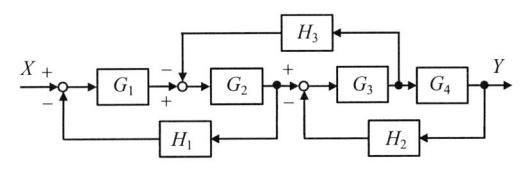

図 2.29 ブロック線図（演習問題 2.10）

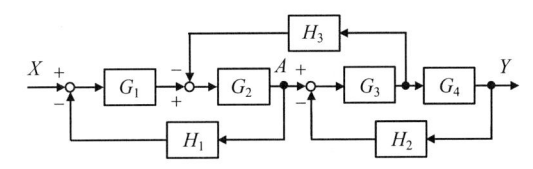

図 2.30 ブロック線図（演習問題 2.11）

3. 制御系の応答特性

目標：制御系や要素に入力信号を加えたときの出力信号の挙動を応答（response）という．制御系を設計する目的は望ましい応答にすることである．応答には，過渡応答と周波数応答があり，本章ではそれらについて理解し，応答の計算ができるようになるとともに，物理的イメージが湧くようになることを目標とする．

キーワード： ステップ応答，過渡応答，ラプラス逆変換，展開定理，性能評価指標，周波数応答，ベクトル軌跡，ボード線図

3.1 過渡応答

3.1.1 過渡応答とは

図 3.1 に制御系の応答例を示す．これは二次遅れ系にステップ状の入力が加えられたときの出力の時間変化である．図のように出力は，最初，大きく変化して，やがては一定の値に落ち着く．落ち着いた状態のことを定常状態（steady state）という．定常状態に達するまでの応答を過渡応答（transient response），定常状態における応答を定常応答（steady state response）という．過渡応答を調べる場合，入力のテスト信号として，図 3.2 に示すような，

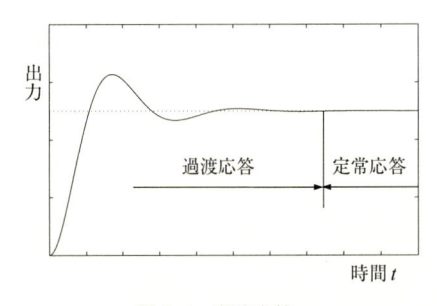

図 3.1 過渡応答

3.1 過渡応答　51

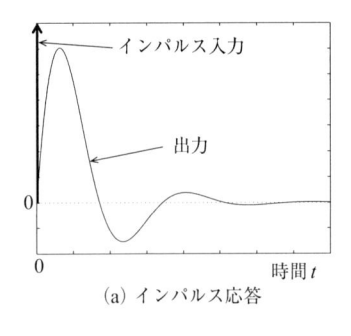

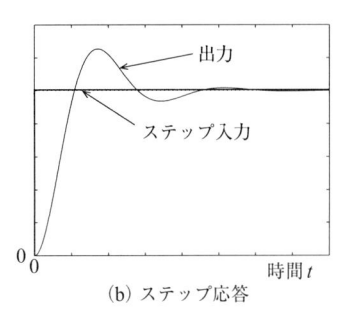

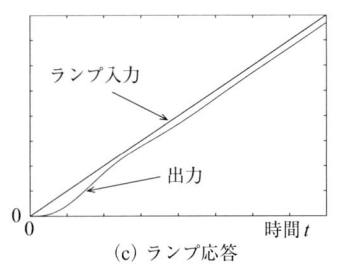

図3.2　3種類の入力に対する応答

(a)インパルス入力，(b)ステップ入力，(c)ランプ入力が用いられ，それぞれの応答を，インパルス応答（impulse response），ステップ応答（step response），ランプ応答（ramp response）という．大きさ1のステップ応答のことを単位ステップ応答，あるいはインディシャル応答（indicial response）ともいう．一般的によく用いられる過渡応答は，入力信号が実現しやすく，実際の場面でもよく見られるステップ応答である．では，例題を用いて，応答の計算方法について説明しよう．

【例題 3.1】 LRC 回路

伝達関数が次式で表される LRC 回路（第2章の図2.11）に，$v_i(t)=2\,\mathrm{V}$ のステップ状入力電圧が加えられたときの，出力電圧 $v_o(t)$ の応答式を求め，グラフの概形を描け．

$$G(s)=\frac{V_o(s)}{V_i(s)}=\frac{50}{s^2+15s+50} \tag{3.1}$$

上式より，出力のラプラス変換 $V_o(s)$ は，

$$V_o(s)=\frac{50}{s^2+15s+50}V_i(s)$$

と表される．ここで，入力は 2V のステップ状入力ゆえ，ラプラス変換の形で書くと $V_i(s)=2/s$ となる．したがって，出力 $v_o(t)$ の応答を求めるには，

$$V_o(s)=\frac{50}{s^2+15s+50}\frac{2}{s} \tag{3.2}$$

をラプラス逆変換（付録 A.5 参照）し，$v_o(t)=\mathcal{L}^{-1}[V_o(s)]$ を求めればよい．以下，その手順について述べる．

（重根がない場合）

まず，この例のように伝達関数の分母 $=0$ の解に重根（重解）がない場合について述べる．式（3.2）は以下のような部分分数に展開できる．

$$V_o(s)=\frac{100}{s(s+5)(s+10)}=\frac{C_1}{s}+\frac{C_2}{s+5}+\frac{C_3}{s+10} \tag{3.3}$$

ここで，各項の係数 C_1, C_2, C_3 を，あとで述べる展開定理を用いて求めると，$C_1=2, C_2=-4, C_3=2$ となる．したがって，

$$V_o(s)=\frac{2}{s}-\frac{4}{s+5}+\frac{2}{s+10}$$

となり，表 2.1 のラプラス変換表を利用して，ラプラス逆変換を行うと，

$$v_o(t)=\mathcal{L}^{-1}[V_o(s)]=\mathcal{L}^{-1}\left[\frac{2}{s}\right]-\mathcal{L}^{-1}\left[\frac{4}{s+5}\right]+\mathcal{L}^{-1}\left[\frac{2}{s+10}\right]$$
$$=2-4e^{-5t}+2e^{-10t} \tag{3.4}$$

となる．これは，$v_o(0)=0, v_o(\infty)=2$ となり，応答波形は図 3.3 となる．

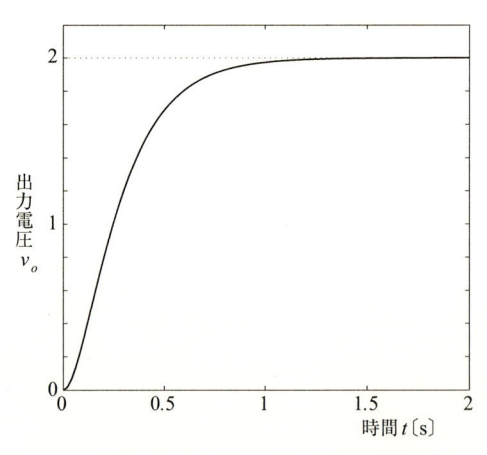

図 3.3 二次遅れ系のステップ応答

さて，以上の応答の計算方法について一般的に述べておこう．応答を求めたい変数のラプラス変換形は一般的に次式で表すことができる．

$$Y(s) = \frac{b_m s^m + b_{m-1} s^{m-1} + \cdots + b_1 s + b_0}{s^n + a_{n-1} s^{n-1} + \cdots + a_1 s + a_0} = \frac{Q(s)}{(s-p_1)(s-p_2)\cdots(s-p_n)} \quad (3.5)$$

分母＝0の解，$p_1, p_2, \cdots, p_n$ が重根（重解）を持たない場合，次の部分分数で表すことができる．

$$Y(s) = \frac{C_1}{s-p_1} + \frac{C_2}{s-p_2} + \cdots + \frac{C_n}{s-p_n} \quad (3.6)$$

係数 $C_1, C_2, \cdots, C_n$ は連立方程式からも計算できるが，次の展開定理を用いるほうが便利である．展開定理の持つ意味も含めて例題で説明しよう．

【例題 3.2】 次式を部分分数に展開し，ラプラス逆変換を行い，$y(t)$ を求めよ．

$$Y(s) = \frac{s+3}{(s+1)(s+2)} \quad (3.7)$$

これは，次の部分分数に展開できる．

$$Y(s) = \frac{C_1}{s+1} + \frac{C_2}{s+2} \quad (3.8)$$

式（3.8）の両辺に $s+1$ を掛けると，

$$(s+1)Y(s) = C_1 + \frac{s+1}{s+2} C_2$$

となる．ここで，C_2 の項（一般的には C_1 以外の項）を 0 にするために，$s+1 \to 0$ とすると，C_1 を求めることができる．

$$\lim_{s+1 \to 0} (s+1)Y(s) = \lim_{s+1 \to 0} \left(C_1 + \frac{s+1}{s+2} C_2 \right) = C_1$$

すなわち，以下のように求める．

$$C_1 = \lim_{s+1 \to 0} (s+1)Y(s)$$
$$= \lim_{s \to -1} (s+1) \frac{s+3}{(s+1)(s+2)} = \lim_{s \to -1} \frac{s+3}{s+2} = 2$$

同様にして，C_2 を求める．

$$C_2 = \lim_{s+2 \to 0} (s+2)Y(s)$$
$$= \lim_{s \to -2} (s+2) \frac{s+3}{(s+1)(s+2)} = \lim_{s \to -2} \frac{s+3}{s+1} = -1$$

したがって，

$$Y(s) = \frac{2}{s+1} - \frac{1}{s+2}$$

となり，ラプラス逆変換を行うと，$y(t)$ が得られる．

$$y(t) = \mathcal{L}^{-1}\left[\frac{2}{s+1}\right] - \mathcal{L}^{-1}\left[\frac{1}{s+2}\right] = 2e^{-t} - e^{-2t}$$

一般的な表現である式（3.6）のラプラス逆変換は，

$$y(t) = C_1 e^{p_1 t} + C_2 e^{p_2 t} + \cdots + C_n e^{p_n t} \tag{3.9}$$

となる．

（重根がある場合）

重根がある場合の展開定理について，例題を用いて説明する．

【例題 3.3】 次式を部分分数に展開し，ラプラス逆変換を行い，$y(t)$ を求めよ．

$$Y(s) = \frac{s+3}{(s+1)^2(s+2)} \tag{3.10}$$

重根がある場合，以下のような部分分数に展開できる．

$$Y(s) = \frac{A_1}{(s+1)^2} + \frac{A_2}{s+1} + \frac{B_2}{s+2} \tag{3.11}$$

式（3.11）の両辺に $(s+1)^2$ を掛けると，

$$(s+1)^2 Y(s) = A_1 + (s+1)A_2 + \frac{(s+1)^2}{s+2} B_2 \tag{3.12}$$

となる．ここで，A_1 以外の項を 0 にするために，$s+1 \to 0$ とすると，A_1 を求めることができる．

$$\lim_{s+1 \to 0} (s+1)^2 Y(s) = \lim_{s+1 \to 0} \left\{ A_1 + (s+1)A_2 + \frac{(s+1)^2}{s+2} B_2 \right\} = A_1$$

すなわち，以下のように求める．

$$A_1 = \lim_{s+1 \to 0} (s+1)^2 Y(s)$$

$$= \lim_{s \to -1} (s+1)^2 \frac{s+3}{(s+1)^2(s+2)} = \lim_{s \to -1} \frac{s+3}{s+2} = 2$$

次に，A_2 を求めるために，式（3.12）の両辺を s で微分する．

$$\frac{d}{dt}\{(s+1)^2 Y(s)\} = A_2 + \frac{d}{dt}\left\{\frac{(s+1)^2}{s+2}\right\} B_2 = A_2 + \frac{(s+1)(s+3)}{(s+2)^2} B_2$$

ここで，B_2 の項（一般的には A_2 以外の項）を 0 にするために，$s+1 \to 0$ とすると，A_2 を求めることができる．すなわち，以下のように求める．

$$A_2 = \lim_{s+1 \to 0} \left[\frac{d}{dt}\{(s+1)^2 Y(s)\}\right]$$

$$= \lim_{s \to -1} \left[\frac{d}{dt}\left(\frac{s+3}{s+2}\right)\right] = \lim_{s \to -1} \frac{-1}{(s+2)^2} = -1$$

最後に，B_2 は，重根がない場合と同じようにして求めることができる．
すなわち，式（3.11）の両辺に $(s+2)$ を掛けると，

$$(s+2) Y(s) = \frac{(s+2)}{(s+1)^2} A_1 + \frac{s+2}{s+1} A_2 + B_2$$

となる．ここで，B_2 以外の項を 0 にするために，$s+2 \to 0$ とすると，B_2 を求めるこ

とができる．

$$\lim_{s+2\to 0}(s+2)Y(s)=\lim_{s+2\to 0}\left\{\frac{(s+2)}{(s+1)^2}A_1+\frac{s+2}{s+1}A_2+B_2\right\}=B_2$$

すなわち，以下のように求める．

$$B_2=\lim_{s+2\to 0}(s+2)Y(s)=\lim_{s\to -2}(s+2)\frac{s+3}{(s+1)^2(s+2)}$$
$$=\lim_{s\to -2}\frac{s+3}{(s+1)^2}=2$$

したがって，

$$Y(s)=\frac{2}{(s+1)^2}-\frac{1}{s+1}+\frac{2}{s+2}$$

となり，ラプラス逆変換を行う（ラプラス変換表を利用する）と，$y(t)$ が得られる．

$$y(t)=\mathcal{L}^{-1}\left[\frac{2}{(s+1)^2}\right]-\mathcal{L}^{-1}\left[\frac{1}{s+1}\right]+\mathcal{L}^{-1}\left[\frac{2}{s+2}\right]$$
$$=2te^{-t}-e^{-t}+2e^{-2t}$$

以上の，重根がある場合について，一般的な形で説明しておく．k 重根がある場合，式（3.5）は次式で表される．

$$Y(s)=\frac{Q(s)}{(s-p_1)^k(s-p_2)(s-p_3)\cdots(s-p_{n-k})}$$
$$=\frac{A_1}{(s-p_1)^k}+\frac{A_2}{(s-p_1)^{k-1}}+\cdots+\frac{A_k}{s-p_1}+\frac{B_2}{s-p_2}+\frac{B_3}{s-p_3}+\cdots+\frac{B_{n-k}}{s-p_{n-k}} \quad (3.13)$$

そして，係数は次式で与えられる．

$$A_i=\frac{1}{(i-1)!}\lim_{s\to p_1}\left[\frac{d^{i-1}}{dt^{i-1}}\{(s-p_1)^k Y(s)\}\right] \quad i=1,2,\cdots,k \quad (3.14)$$

$$B_j=\lim_{s\to p_j}(s-p_j)Y(s) \quad j=2,3,\cdots,n-k \quad (3.15)$$

最後に，ラプラス逆変換は次式となる．

$$y(t)=\frac{A_1}{(k-1)!}t^{k-1}e^{p_1t}+\frac{A_2}{(k-2)!}t^{k-2}e^{p_1t}+\cdots+A_ke^{p_1t}$$
$$+B_2e^{p_2t}+B_3e^{p_3t}+\cdots+B_{n-k}e^{p_{n-k}t} \quad (3.16)$$

3.1.2 代表的要素の過渡応答

ここでは，代表的な伝達要素について，その過渡応答を求める．

a. 一次遅れ要素のステップ応答

第2章で述べたように,一次遅れ要素の伝達関数は次式で表される.

$$G(s) = \frac{Y(s)}{X(s)} = \frac{K}{1+Ts} \tag{3.17}$$

単位ステップ応答($x(t)=1, X(s)=1/s$)を考える.上式より,出力$Y(s)$は,

$$Y(s) = \frac{K}{1+Ts} X(s) = \frac{\frac{K}{T}}{s\left(s+\frac{1}{T}\right)} = \frac{C_1}{s} + \frac{C_2}{s+\frac{1}{T}}$$

と部分分数に展開され,展開定理を用いて係数を求めると,$C_1=K, C_2=-K$ となる.これより,

$$Y(s) = \frac{K}{s} - \frac{K}{s+\frac{1}{T}}$$

となり,これをラプラス逆変換すると,一次遅れ要素の応答式が得られる.

$$y(t) = K\left(1 - e^{-\frac{1}{T}t}\right) \tag{3.18}$$

時定数 $T=0.08s$,ゲイン定数 $K=1$ の場合のグラフを図3.4に示す.
ここで,時定数について考える.上式を時間で微分すると,

$$\dot{y}(t) = \frac{K}{T} e^{-\frac{1}{T}t} \tag{3.19}$$

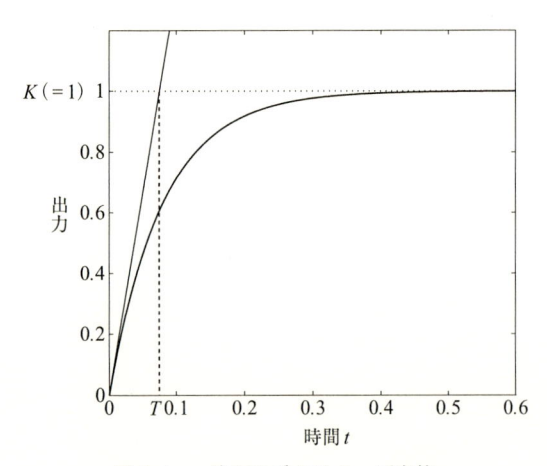

図3.4 一次遅れ系のステップ応答

となり，$\dot{y}(0)=K/T$ であるので，図のように時刻 0 における接線が，最終値 K と交わる時刻が時定数となる．また，式（3.18）より，$y(T)=K(1-e^{-1})=0.632K$ となるので，「時定数 T は，一次遅れ要素のステップ応答において，最終値の 63.2% になるまでの時間で，要素の応答の速さを示す指標である」といえる．第 2 章でも述べたように多くの現象は一次遅れ要素で表されるので，応答の速さを示す時定数は重要なパラメータである．

b. 二次遅れ要素のステップ応答

第 2 章で述べたように，二次遅れ要素の伝達関数は次式で与えられる．

$$G(s)=\frac{Y(s)}{X(s)}=\frac{\omega_n^2}{s^2+2\zeta\omega_n s+\omega_n^2} \tag{3.20}$$

単位ステップ応答（$x(t)=1, X(s)=1/s$）を考える．上式より，出力 $Y(s)$ は，

$$Y(s)=\frac{\omega_n^2}{s^2+2\zeta\omega_n s+\omega_n^2}X(s)$$

$$=\frac{\omega_n^2}{s(s^2+2\zeta\omega_n s+\omega_n^2)} \tag{3.21}$$

$$=\frac{\omega_n^2}{s(s-s_1)(s-s_2)} \tag{3.22}$$

となる．ここで，s_1, s_2 は $s^2+2\zeta\omega_n s+\omega_n^2=0$ の解であり，次式で与えられる．

$$s_1=(-\zeta+\sqrt{\zeta^2-1})\omega_n, \quad s_2=(-\zeta-\sqrt{\zeta^2-1})\omega_n \tag{3.23}$$

ζ の値によって，実根や複素根を持つので，3 つの場合に分けて考えよう．

(1) $\zeta>1$（2 実根）の場合

式（3.22）は，

$$Y(s)=\frac{C_1}{s}+\frac{C_2}{s-s_1}+\frac{C_3}{s-s_2} \tag{3.24}$$

と部分分数に展開され，展開定理を用いて C_1, C_2, C_3 を求め，逆変換すると，

$$y(t)=1-\frac{1}{2\sqrt{\zeta^2-1}}\left\{(\zeta+\sqrt{\zeta^2-1})e^{-\omega_n t(\zeta-\sqrt{\zeta^2-1})}\right.$$

$$\left.-(\zeta-\sqrt{\zeta^2-1})e^{-\omega_n t(\zeta+\sqrt{\zeta^2-1})}\right\} \tag{3.25}$$

となる．

(2) $\zeta=1$（重根）の場合

式（3.21）に $\zeta=1$ を代入し，部分分数に展開し，係数を求めると，

$$Y(s) = \frac{\omega_n^2}{s(s+\omega_n)^2} = \frac{-\omega_n}{(s+\omega_n)^2} + \frac{-1}{s+\omega_n} + \frac{1}{s} \tag{3.26}$$

となり，これを逆変換すると，次式が得られる．

$$y(t) = -\omega_n t e^{-\omega_n t} - e^{-\omega_n t} + 1 = 1 - e^{-\omega_n t}(\omega_n t + 1) \tag{3.27}$$

（3） $0 < \zeta < 1$（複素根）の場合

$\zeta < 1$ ゆえ，$j(=\sqrt{-1})$ を用いて，s_1, s_2 を次のように書き直す．

$$s_1 = (-\zeta + j\sqrt{1-\zeta^2})\omega_n, \quad s_2 = (-\zeta - j\sqrt{1-\zeta^2})\omega_n \tag{3.28}$$

そして，

$$Y(s) = \frac{\omega_n^2}{s(s-s_1)(s-s_2)} = \frac{C_1}{s} + \frac{C_2}{s-s_1} + \frac{C_3}{s-s_2}$$

の部分分数の係数 C_1, C_2, C_3 を求めると，

$$C_1 = 1, \quad C_2 = \frac{-\zeta - j\sqrt{1-\zeta^2}}{2j\sqrt{1-\zeta^2}}, \quad C_3 = \frac{\zeta - j\sqrt{1-\zeta^2}}{2j\sqrt{1-\zeta^2}}$$

となる．これを代入し，逆変換してオイラーの式を用いると次式のようになる．

$$y(t) = 1 + \frac{-\zeta - j\sqrt{1-\zeta^2}}{2j\sqrt{1-\zeta^2}} e^{-\omega_n t(\zeta - j\sqrt{1-\zeta^2})} + \frac{\zeta - j\sqrt{1-\zeta^2}}{2j\sqrt{1-\zeta^2}} e^{-\omega_n t(\zeta + j\sqrt{1-\zeta^2})}$$

$$= 1 - \frac{\zeta e^{-\zeta \omega_n t}}{2j\sqrt{1-\zeta^2}} (e^{\omega_n t j\sqrt{1-\zeta^2}} - e^{-\omega_n t j\sqrt{1-\zeta^2}}) - \frac{1}{2} e^{-\zeta \omega_n t}(e^{\omega_n t j\sqrt{1-\zeta^2}} + e^{-\omega_n t j\sqrt{1-\zeta^2}})$$

$$= 1 - \frac{\zeta e^{-\zeta \omega_n t}}{2j\sqrt{1-\zeta^2}} (2j \sin \omega_n t \sqrt{1-\zeta^2}) - \frac{1}{2} e^{-\zeta \omega_n t}(2 \cos \omega_n t \sqrt{1-\zeta^2})$$

$$= 1 - \frac{e^{-\zeta \omega_n t}}{\sqrt{1-\zeta^2}} (\zeta \cdot \sin \sqrt{1-\zeta^2} \omega_n t + \sqrt{1-\zeta^2} \cdot \cos \sqrt{1-\zeta^2} \omega_n t)$$

$$= 1 - \frac{1}{\sqrt{1-\zeta^2}} e^{-\zeta \omega_n t} \cdot \sin(\sqrt{1-\zeta^2} \omega_n t + \varphi) \tag{3.29}$$

ここで，$\varphi = \tan^{-1}(\sqrt{1-\zeta^2}/\zeta)$ である．

図3.5に二次遅れ要素のステップ応答を示す．固有角周波数を $\omega_n = 1$ rad/s に固定し，減衰係数を $\zeta = 0 \sim 1.6$ まで，0.2 ずつ変えた場合の応答波形である．図のように，減衰係数が小さくなると，振動が大きくなり，$\zeta = 0$ のとき，持続振動となる．また，ζ が大きくなると振動が小さくなり，$\zeta > 1$ では振動しなくなる．これらのことは式（3.25）や式（3.29）の形を見てもわかる．一方，応答波形のピークになる時刻に注目すると，減衰係数が小さい波形ではほぼ一定で，振動周期の半分の$\pi/\omega_n = 3.14$ s 付近にあることがわかる．

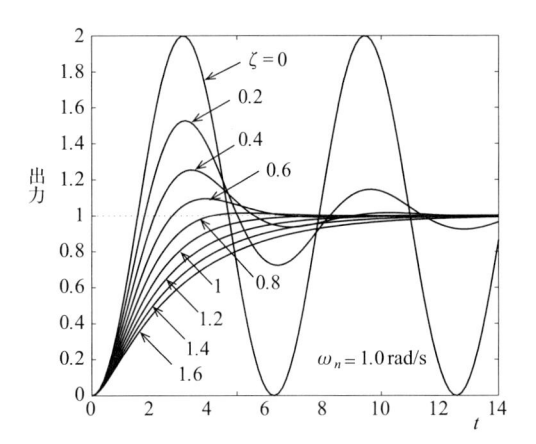

図 3.5 二次遅れ系のステップ応答（ζ の影響）

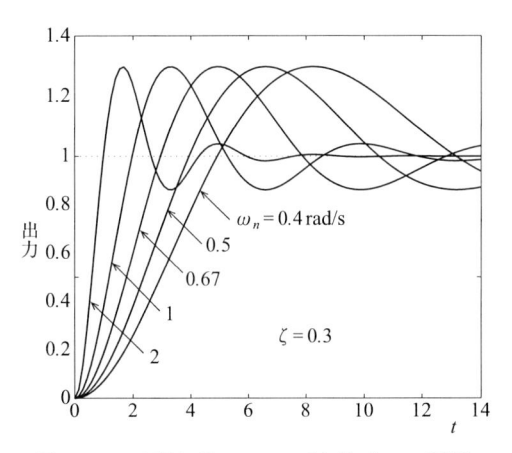

図 3.6 二次遅れ系のステップ応答（ω_n の影響）

次に，固有角周波数の影響を見るために，減衰係数を $\zeta=0.3$ に固定し，$\omega_n=2, 1, 0.667, 0.5, 0.4\,\mathrm{rad/s}$ とした場合の応答を図 3.6 に示す．図のように ω_n が小さくなると応答は遅くなる．そして，ω_n が 1/2, 1/3, 1/4 倍になると応答波形は時間軸に 2, 3, 4 倍と引き伸ばされた形となる．

このように，減衰係数と固有角周波数は，二次遅れ要素の特性を独立に表現する重要なパラメータである．

3.1.3 性能評価指標

一般的に，フィードバック制御系において望ましい応答は，制御量が速やかに目標値に近づき定常状態での偏差が0となることである．このような性能を定量的に評価する指標について述べる．これらは制御系や伝達要素の特性を表す指標であるとともに，制御系を設計するときの設計仕様として用いられる．

特性は定常特性と過渡特性に大別され，過渡特性はさらに速応性と減衰性に分けられる．速応性は応答の速さを示し，減衰性は減衰（振動）の様子を示すものである．これらには，以下の性能評価指標がある（図3.7参照）．

＜定常特性の指標＞

ⅰ) 定常偏差 e_∞（steady state error）：定常状態における偏差（目標値-制御量）

＜過渡特性における速応性の指標＞

ⅱ) 立ち上がり時間 t_r（rise time）：出力が最終値の10%から90%に達するまでの時間（5%から95%が用いられることもある）．

ⅲ) 整定時間 t_s（settling time）：出力が最終値の指定された範囲内に入るまでの時間．例えば，最終値の±5%や±2%など．

ⅳ) 行き過ぎ時間 t_p（peak time）：出力が最初のピーク値（極大値）に達する

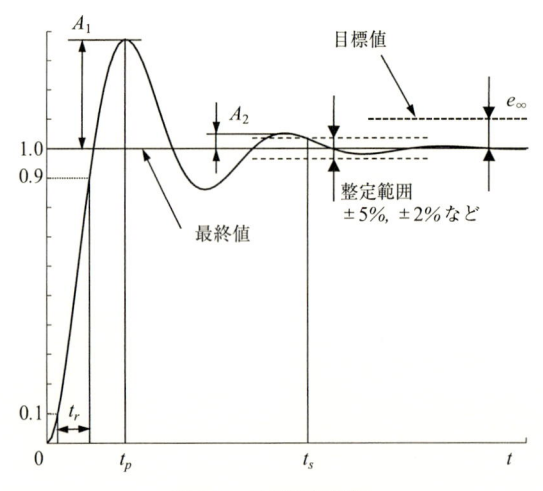

図3.7 性能評価指標

までの時間．ピークがない場合もある．

v) 時定数 T（time constant）：すでに述べたように，一次遅れ要素のステップ応答において，出力が最終値の 63.2% に達するまでの時間．

＜過渡特性における減衰性の指標＞

vi) 行き過ぎ量 A_p（overshoot）：出力の最初の極大値と最終値との差 A_1 を最終値との割合（%）で表したもの．

vii) 振幅減衰比 A_2/A_1（damping ratio）：出力の最初の行き過ぎ量 A_1 と 2 番目の行き過ぎ量 A_2 の比 A_2/A_1．

二次遅れ要素のステップ応答における行き過ぎ時間 t_p と行き過ぎ量 A_p を求めてみよう．応答式（3.29）より，最初の極大値を示す時間は，

$$t_p = \frac{\pi}{\omega_n\sqrt{1-\zeta^2}} \quad (3.30)$$

となり，これを式（3.29）に代入し，最終値との差をとると，行き過ぎ量 A_p が求められる．

$$A_p = e^{-\pi\zeta/\sqrt{1-\zeta^2}} \times 100 \quad (3.31)$$

図 3.5 を見ると，ω_n が一定の場合，速応性を高めようとすると減衰係数 ζ を小さくする必要がある．しかし，ζ を小さくすると行き過ぎ量が大きくなり，良好な制御とはいえない．このトレードオフ問題は現実にしばしば起こる．例えば，行き過ぎ量を 25% 程度であれば良しとして，式（3.31）から減衰係数を計算すると，$\zeta=0.404$ となる．なお，上記の問題は，ω_n を大きくし，かつ，ζ を適切な値に選べるように 2 つの制御パラメータが導入できれば解決できる．

【問題 3.1】 式（3.30）と式（3.31）を導出せよ．

3.2 定常特性

すでに述べたように，定常特性を表す性能指標は定常偏差だけである．定常偏差について，まず簡単な例題で考えてみよう．

【例題 3.4】 図 3.8 はタンクの水位を目標水位に近づけるフィードバック水位制御系である．図(a)は制御系の構成図，図(b)はブロック線図である．目標水位 0.1 m

(a) 制御系の構成図

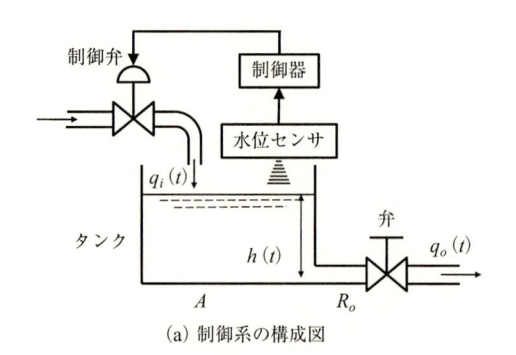

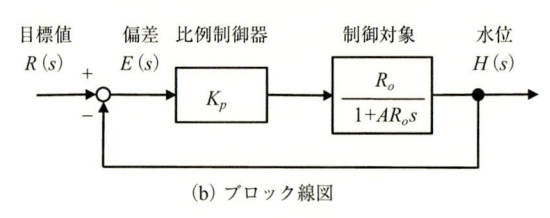

(b) ブロック線図

図 3.8 水位制御系

をステップ状に変えて，比例ゲイン $K_p=0.08$ m²/s の比例制御を行った場合の定常偏差 e_∞ を求めよ．なお，タンク断面積を $A=1$ m²，出口流路抵抗を $R_o=50$ s/m² とせよ．

　流入流量 $Q_i(s)$ を入力，水位 $H(s)$ を出力とする制御対象の伝達関数は，式 (2.46) より次式で表され，制御系全体のブロック線図は図(b)のようになる．

$$\frac{H(s)}{Q_i(s)}=\frac{R_o}{1+AR_o s} \qquad (3.32)$$

ちなみに，この一次遅れ系の時定数は $T=AR_o=50$ s である．

　まず，ブロック線図より，目標値 $R(s)$ を入力，制御量（水位）$H(s)$ を出力とする伝達関数を求めると，次式となる．

$$\frac{H(s)}{R(s)}=\frac{K_p R_o}{AR_o s+1+K_p R_o} \qquad (3.33)$$

上式に各パラメータの値を入れ，$R(s)=0.1/s$ のステップ応答を計算し，グラフにすると，図 3.9 になる．図中に示すように，定常状態における制御量と目標値との差が定常偏差であり，図より，$K_p=0.08$ m²/s の場合，定常偏差は 0.02 m 程度である．この値を計算で求めてみよう．ブロック線図より，目標値 $R(s)$ を入力，偏差 $E(s)$ を出力とする伝達関数は次式となる．

$$\frac{E(s)}{R(s)}=\frac{AR_o s+1}{AR_o s+1+K_p R_o} \qquad (3.34)$$

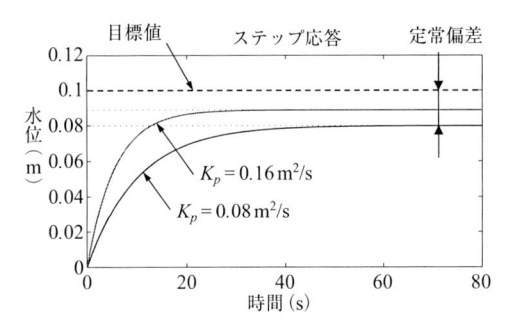

図 3.9 水位制御系のステップ応答

これより，$R(s)=0.1/s$ に対する偏差は各パラメータの値を入れ，次式となる．
$$E(s)=\frac{AR_o s+1}{AR_o s+1+K_p R_o}R(s)=\frac{50s+1}{50s+5}\frac{0.1}{s} \tag{3.35}$$
そして，定常偏差 $e_\infty=e(\infty)$ は式（2.19）の最終値の定理を用いると，
$$e_\infty=\lim_{t\to\infty}e(t)=\lim_{s\to 0}sE(s)=\lim_{s\to 0}s\frac{50s+1}{50s+5}\frac{0.1}{s}=0.02\text{ m}$$
と求めることができる．

ちなみに，比例ゲインを $K_p=0.16\text{ m}^2/\text{s}$ と大きくすると，図 3.9 のように，応答は速くなり，定常偏差も $e_\infty=0.011\text{ m}$ と小さくなる．比例制御系では偏差に比例した操作量を加えるので，偏差が存在する限り操作量が出力されるが，例題のように定常偏差が 0 にならないことがある．これは一見，不思議な現象である．式を用いた説明は上で示したように単純明快であるが，物理的な言葉による説明はなかなか難しい（考えてみてほしい）．もう 1 つ注目することがある．この例題のように，一般に比例ゲインの値を大きくすれば，応答も速くなり，定常偏差も小さくなる．良いことばかりである．しかし現実には，アクチュエータや制御弁には必ず操作量の限界（飽和）があり，比例ゲインの値をいくらでも大きくして性能を上げるというわけにはいかない．例えば，比例ゲインの値を 100 倍にすると，式（3.33）より応答の時定数は 10 s から 0.125 s となり，ほぼ一瞬で目標水位に達するが，操作量が 100 倍となり，実現は難しい．

さて，話を定常偏差に戻して，どのような入力や制御系に対して定常偏差が残るのか，あるいは 0 になるのか，一般化して考えてみよう．図 3.10 に一般

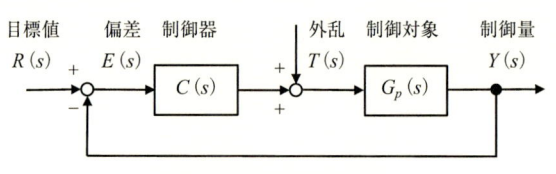

図 3.10 ブロック線図

的な直結フィードバック制御系のブロック線図を示す．このシステムは，制御器（制御器以外に増幅器やアクチュエータを含むと考える）と制御対象からなる．この制御系の入力としては，目標値 $R(s)$ と外乱 $T(s)$ がある．また，出力としては制御量 $Y(s)$ と偏差 $E(s)$ が考えられる．入出力関係に注目してブロック線図の等価変換を行うと，以下の式が得られる．

$$Y(s) = \frac{G_p(s)C(s)}{1+G_p(s)C(s)} R(s) + \frac{G_p(s)}{1+G_p(s)C(s)} T(s) \qquad (3.36)$$

$$E(s) = \frac{1}{1+G_p(s)C(s)} R(s) - \frac{G_p(s)}{1+G_p(s)C(s)} T(s) \qquad (3.37)$$

目標値 $R(s)$ の変化に対して，出力の $Y(s)$ や $E(s)$ がどのように変化するか，その応答のことを目標値応答という．一方，外乱 $T(s)$ に対する出力の応答を外乱応答という．

【問題 3.2】 式 (3.36) と式 (3.37) を見て，理想的な目標値応答や理想的な外乱応答にするには，制御器 $C(s)$ をどのように決めればよいか考えてみよう．

ヒント：制御量は目標値どおりになり，外乱には影響されないのが良い．偏差はいつでも速やかに 0 になるのが良い．

さて，目標値応答（$R(s) \neq 0, T(s) = 0$）における定常偏差について考える．

図 3.10 の伝達関数をまとめて $G(s) = C(s)G_p(s)$（フィードバック部分を含めてループを一巡する伝達関数を一巡伝達関数という）とおき，$G(s)$ の一般形が以下の式で表されるものとする．

$$\begin{aligned} G(s) &= \frac{Ke^{-Ls}(sT_{a1}+1)(sT_{a2}+1)\cdots(sT_{am}+1)}{s^n(sT_1+1)(sT_2+1)\cdots(sT_k+1)} \\ &= \frac{Ke^{-Ls}\prod_{j=1}^{m}(sT_{aj}+1)}{s^n\prod_{i=1}^{k}(sT_i+1)} \end{aligned} \qquad (3.38)$$

$G(s)$ の分母が s^n を含む式で表されるとき，フィードバック制御系は「n 形」

図 3.11 (a) ステップ入力 (b) ランプ入力 (c) 加速度入力 各入力に対する定常偏差

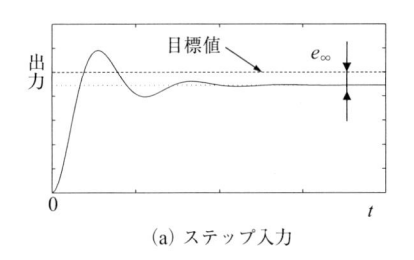

の系と呼ばれる．すなわち，積分要素 $1/s$ の次数で系の形を名づける．例えば，$G(s)=K/(1+Ts)$ や $G(s)=(4s+3)/(s^2+5s+4)$ は 0 形，$G(s)=(s+3)/\{s(s+4)\}$ や $G(s)=3/\{s(s^2+4)\}$ は 1 形，$G(s)=50(s+2)/\{s^2(s^2+4s+5)\}$ は 2 形である．

図 3.10 のフィードバック制御系の定常偏差は，この系の形と入力の種類によって決まる．以下，図 3.11 に示す 3 種類の入力について定常偏差がどのようになるか考えてみよう．式 (3.37) より，目標値応答における偏差は次式で表される．

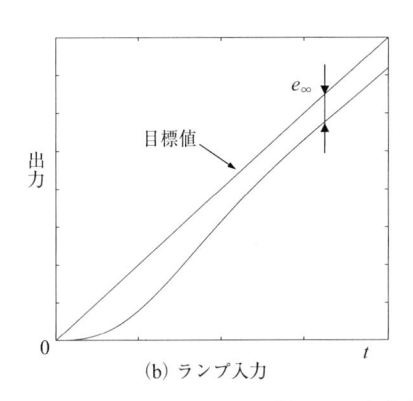

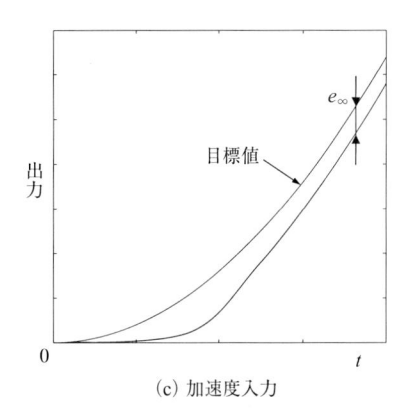

$$E(s)=\frac{1}{1+G(s)}R(s) \tag{3.39}$$

そして，定常偏差 e_∞ は先ほどの例題と同様，最終値の定理より，

$$e_\infty=\lim_{t\to\infty}e(t)=\lim_{s\to 0}sE(s)=\lim_{s\to 0}\frac{sR(s)}{1+G(s)} \tag{3.40}$$

で計算することができる．

a. ステップ入力：$R(s)=h/s$ の場合

式（3.40）より，次式を得る．

$$e_\infty = \lim_{s \to 0} \frac{s}{1+G(s)} \frac{h}{s} = \frac{h}{1+G(0)} \tag{3.41}$$

ここで，$n=0$ の 0 形の場合，式（3.38）より，$G(0)=K$ となり，定常偏差は，

$$e_\infty = \frac{h}{1+K} \tag{3.42}$$

となる．このように，0 形の場合，定常偏差が残る．前述のタンク水位の比例制御系の $G(s)$ は 0 形であり，定常偏差が 0 にはならない．また，上式より，比例ゲイン K_p に関係する K の値を大きくすれば，定常偏差が小さくなることもわかる．

同様にして，$n=1$ の 1 形の場合，$G(0)=K/0=\infty$ となり，定常偏差は $e_\infty=0$ となる．このように，1 形の場合，定常偏差は残らない．したがって，前述の水位制御系の場合，制御器の中に積分要素 $1/s$ を入れるとよいことがわかる．$n=2$ の 2 形の場合も，$G(0)=K/0=\infty$ となり，定常偏差は $e_\infty=0$ となる．すなわち，ステップ入力の場合，1 形以上の系で定常偏差は 0 となる．

b. ランプ入力：$R(s)=r/s^2$ の場合

式（3.36）より，次式を得る．

$$e_\infty = \lim_{s \to 0} \frac{s}{1+G(s)} \frac{r}{s^2} = \lim_{s \to 0} \frac{r}{sG(s)} \tag{3.43}$$

0 形の場合，

$$\lim_{s \to 0} sG(s) = 0 \cdot K = 0$$

であるので，$e_\infty = r/(0 \cdot K) = \infty$ となる．このように，0 形の場合，定常偏差は ∞ となる．水位制御系の場合，時間とともに直線的に増える目標水位であれば，時間とともに偏差はどんどん増えることになる．次に，1 形の場合，

$$\lim_{s \to 0} sG(s) = K$$

となり，定常偏差は $e_\infty = r/K$ となり偏差が残る．2 形の場合，

$$\lim_{s \to 0} sG(s) = \infty$$

となり，定常偏差は $e_\infty = 0$ となる．すなわち，ランプ入力の場合，2 形以上で定常偏差は 0 となる．

c. 定加速度入力：$R(s)=a/s^3$ の場合

式（3.40）より，次式を得る．

$$e_\infty = \lim_{s \to 0} \frac{s}{1+G(s)} \frac{a}{s^3} = \lim_{s \to 0} \frac{a}{s^2 G(s)} \tag{3.44}$$

0形と1形の場合，

$$\lim_{s \to 0} s^2 G(s) = 0$$

であるので，$e_\infty = \infty$ となる．2形の場合，

$$\lim_{s \to 0} s^2 G(s) = K$$

となり，定常偏差は $e_\infty = a/K$ となり偏差が残る．3形以上の場合，

$$\lim_{s \to 0} s^2 G(s) = \infty$$

となり，定常偏差は $e_\infty = 0$ となる．

これらの結果をまとめて，表3.1に示す．

表3.1　定常偏差に及ぼす制御系の形と入力の形の影響

	0形系	1形系	2形系	3形系以上
ステップ入力	$h/(1+K)$	0	0	0
ランプ入力	∞	r/K	0	0
定加速度入力	∞	∞	a/K	0

3.3　周波数応答

3.3.1　周波数応答とは

周波数応答（frequency response）とは，入力として正弦波信号を加えたときの出力の定常応答のことである．図3.12(a)に示す「安定で線形な」制御系や要素に，正弦波状の入力を加えると，直後の過渡応答では出力の形は正弦波ではないが，定常状態では入力信号と同じ周波数のきれいな正弦波信号になる．そして，図(b)に示すように，出力の振幅が異なり，位相のずれが生じる．すなわち，入出力の振幅比 B/A と位相のずれ φ（単に位相と呼ぶことにする）が周波数によって変化する．これを表したものが周波数特性である．では，なぜ入力に正弦波信号を用いるのだろうか．それは，自然界や工学分野に

3. 制御系の応答特性

安定で線形な系

$x(t) = A\sin\omega t$ 入力 → $G(s)$ → 出力 $y(t) = B\sin(\omega t + \varphi)$

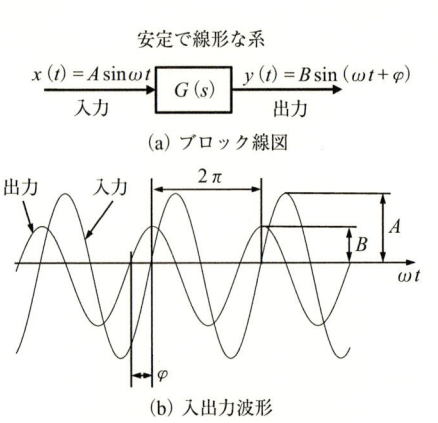

(a) ブロック線図

(b) 入出力波形

図 3.12 周波数応答

おける一般的な信号が振幅や周波数の異なる正弦波信号の総和で表すことができるからである．したがって，広い周波数範囲の正弦波信号を伝達要素に入力することにより，あらゆる信号に対する要素の特性を知ることができる．

さて，伝達関数が与えられたとき，振幅比や位相はどのようにして求めればよいだろうか．まず，次の例題で考えてみよう．

【例題 3.5】 微分要素 $G(s)=s$ における入出力の振幅比と位相を求めよ．

図3.12(a)において，$G(s)$ が微分要素の場合，出力 $y(t)$ は入力 $x(t)=A\sin\omega t$ を時間 t で微分したものなので，

$$y(t) = \frac{d}{dt}x(t) = \frac{d}{dt}(A\sin\omega t)$$
$$= A\omega\cos\omega t = A\omega\sin(\omega t + 90°)$$
$$= B\sin(\omega t + \varphi) \tag{3.45}$$

となり，上式より，振幅比は $B/A=\omega$，位相は $\varphi=90°$ となる．これが解である．

さて，微分要素の伝達関数 $G(s)=s$ に $s=j\omega$（ω は実数で角周波数，$j=\sqrt{-1}$）を代入した $G(j\omega)=j\omega$ は複素数であり，絶対値は $|G(j\omega)|=\omega$ となり，例題の振幅比に等しい．また，偏角は $\angle G(j\omega)=90°$ となり位相に等しい．$G(j\omega)$ を周波数伝達関数といい，$|G(j\omega)|$ は振幅比，$\angle G(j\omega)$ は位相を表す．これは一般的にもいえることである．以下，それについて説明しよう．

【一般的な説明】

図3.12(a)の伝達関数 $G(s)$ は一般的に次式で表すことができる．

$$G(s) = \frac{Y(s)}{X(s)} = \frac{b_m s^m + b_{m-1} s^{m-1} + \cdots + b_1 s + b_0}{s^n + a_{n-1} s^{n-1} + \cdots + a_1 s + a_0}$$

$$= \frac{b_m s^m + b_{m-1} s^{m-1} + \cdots + b_1 s + b_0}{(s-p_1)(s-p_2)\cdots(s-p_n)} \tag{3.46}$$

ここで，$G(s)$ は安定な伝達関数ゆえ，$p_1, p_2, \cdots, p_n$ はすべて負の実数または，負の実部（複素数の場合）を持つ安定な極である（安定・不安定についての詳細は第 4 章で述べるが，安定というのは時間が ∞ のとき，出力が一定値に落ち着くことである．制御系は，何よりまず安定でなくてはならない）．また，入力 $x(t) = A \sin \omega t$ のラプラス変換は，次式で与えられる．

$$X(s) = \frac{A\omega}{s^2 + \omega^2} = \frac{A\omega}{(s+j\omega)(s-j\omega)} \tag{3.47}$$

式 (3.46) と式 (3.47) より，出力 $Y(s)$ は，

$$Y(s) = G(s)X(s)$$
$$= A\omega \left(\frac{C_1}{s-p_1} + \frac{C_2}{s-p_2} + \cdots + \frac{C_n}{s-p_n} + \frac{B_1}{s+j\omega} + \frac{B_2}{s-j\omega} \right) \tag{3.48}$$

と部分分数に展開される．係数 B_1, B_2 は展開定理より，

$$B_1 = \lim_{s+j\omega \to 0} (s+j\omega) Y(s) \frac{1}{A\omega}$$
$$= \lim_{s \to -j\omega} G(s) \frac{1}{s-j\omega} = \frac{1}{-2j\omega} G(-j\omega) \tag{3.49}$$

$$B_2 = \lim_{s-j\omega \to 0} (s-j\omega) Y(s) \frac{1}{A\omega} = \frac{1}{2j\omega} G(j\omega) \tag{3.50}$$

となり，これらを式 (3.48) に代入すると，

$$Y(s) = A\omega \left\{ \frac{C_1}{s-p_1} + \frac{C_2}{s-p_2} + \cdots + \frac{C_n}{s-p_n} + \frac{1}{-2j\omega} G(-j\omega) \right.$$
$$\left. \frac{B_1}{s+j\omega} + \frac{1}{2j\omega} G(j\omega) \frac{B_2}{s-j\omega} \right\} \tag{3.51}$$

となる．これをラプラス逆変換すると，

$$y(t) = A\omega \left\{ \sum_{i=1}^{n} C_i e^{p_i t} + \frac{G(-j\omega)}{-2j\omega} e^{-j\omega t} + \frac{G(j\omega)}{2j\omega} e^{j\omega t} \right\} \tag{3.52}$$

となる．ここで，定常応答に注目すると，$t \to \infty$ のとき，$C_i e^{p_i t} \to 0$（p_i の実部は負ゆえ）となるので，定常応答 $y_\infty(t)$ は以下の式で表される．

$$y_\infty(t) = \lim_{t \to \infty} y(t) = \frac{A}{2j}\{G(j\omega)e^{j\omega t} - G(-j\omega)e^{-j\omega t}\} \tag{3.53}$$

ここで，$G(j\omega) = |G(j\omega)|e^{j\varphi}$（複素数の極座標表現．ただし，$\varphi = \angle G(j\omega)$）と表現できるので，

$$y_\infty(t) = \frac{A}{2j}\{|G(j\omega)|e^{j\varphi} \cdot e^{j\omega t} - |G(-j\omega)|e^{-j\varphi} \cdot e^{-j\omega t}\}$$

となり，$|G(-j\omega)| = |G(j\omega)|$ ゆえ，整理して，

$$= \frac{A}{2j}|G(j\omega)|\{e^{j(\omega t+\varphi)} - e^{-j(\omega t+\varphi)}\}$$

となる．さらに，オイラーの式を用いると，最終的に，

$$= \frac{A}{2j}|G(j\omega)| \cdot 2j\sin(\omega t + \varphi)$$

$$= A|G(j\omega)| \cdot \sin(\omega t + \angle G(j\omega)) \tag{3.54}$$

となる．この式は，「出力 $y(t)$ の定常応答は，入力と同じ角周波数 ω の正弦波となり，振幅が $|G(j\omega)|$ 倍され，位相が $\angle G(j\omega)$ だけ進む（通常，位相は負）」ということを示している．このように，一般的にも周波数伝達関数 $G(j\omega)$ の絶対値 $|G(j\omega)|$ が振幅比を表し，偏角 $\angle G(j\omega)$ が位相を表すことがわかる．

周波数伝達関数 $G(j\omega)$ において，角周波数を $\omega = 0$ から ∞ まで変化させたときの $G(j\omega)$ の変化の様子を見るのが周波数応答であり，周波数応答の表現法には，ベクトル軌跡とボード線図がある．3.3.2項以降で，それらについて述べる．

その前に，周波数応答の計算には複素数の知識が必要であるので，要点を述べておく．周波数伝達関数 $G(j\omega)$ は ω の複素関数である．その実部（real

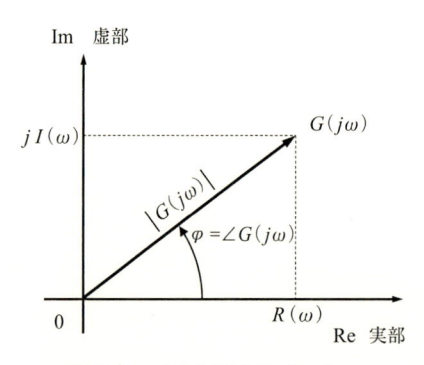

図 **3.13** 複素平面上の $G(j\omega)$

part）を $R(\omega)$，虚部（imaginary part）を $I(\omega)$ とすると，直交座標形式では次式で表され，そのベクトルを複素平面上に描くと図3.13のようになる．

$$G(j\omega)=R(\omega)+jI(\omega) \tag{3.55}$$

また，ベクトルを絶対値（長さ）と偏角で表す極座標形式では次式で表される．

$$G(j\omega)=|G(j\omega)|e^{j\varphi} \tag{3.56}$$

ここで，絶対値は，

$$|G(j\omega)|=\sqrt{\{R(\omega)\}^2+\{I(\omega)\}^2} \tag{3.57}$$

偏角は，

$$\varphi=\angle G(j\omega)=\tan^{-1}\frac{I(\omega)}{R(\omega)} \tag{3.58}$$

となる．これらの式は今後，頻繁に用いる．

3.3.2 ベクトル軌跡

ベクトル軌跡（vector locus）とは，複素平面上に角周波数を $\omega=0$ から ∞ まで連続的に変えて周波数伝達関数 $G(j\omega)$ のベクトル先端の軌跡を描いたものである．ベクトル軌跡は，制御系の安定性を検討したり，確認する場合に役立つ．

代表的な伝達要素のベクトル軌跡を描いてみよう．

a. 積分要素

積分要素は $G(s)=1/s$ で表されるので，周波数伝達関数 $G(j\omega)$ は次式となる．

$$G(j\omega)=\frac{1}{j\omega}=-\frac{1}{\omega}j \tag{3.59}$$

上式より，$G(j\omega)$ の実部は0なので，ベクトル先端は虚軸上を移動し，$\omega=0$ のとき $-j\infty$，$\omega=\infty$ のとき 0 となり，ベクトル軌跡は図3.14のようになる．図のように，周波数 ω を変えたときの動きがわかりやすいように軌跡上に矢印をつける．また，この例のようにほとんどのベクトル軌跡は周波数 ∞ で原点へ収束する．$G(j\omega)$ が 0 に収束するということは，振幅比 $|G(j\omega)|$ が 0 になるということであり，伝達要素や制御系は高い周波数の入力に対して出力振幅が0，すなわち動かなくなるということである．これは，ごく自然な物理現象である．

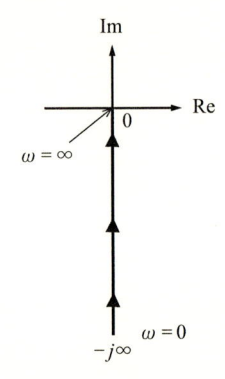

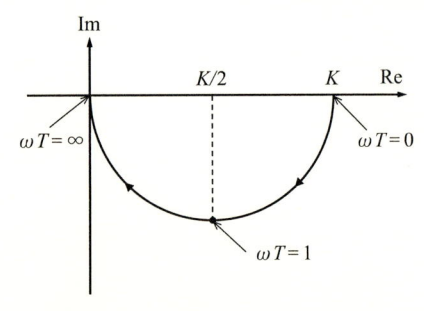

図 **3.14** 積分要素のベクトル軌跡　　図 **3.15** 一次遅れ系のベクトル軌跡

b. 一次遅れ要素

一次遅れ要素の周波数伝達関数は次式で表される．

$$G(j\omega) = \frac{K}{1+j\omega T} \tag{3.60}$$

分母の実数化を行い，式（3.55）の形にすると，

$$G(j\omega) = \frac{K(1-j\omega T)}{(1+j\omega T)(1-j\omega T)} = \frac{K}{1+(\omega T)^2} + \frac{-K\omega T}{1+(\omega T)^2}j \tag{3.61}$$

となる．そして，式（3.57），式（3.58）より，絶対値と偏角は次式となる．

$$|G(j\omega)| = \frac{K}{\sqrt{1+(\omega T)^2}} \tag{3.62}$$

$$\varphi = \angle G(j\omega) = -\tan^{-1}\omega T \tag{3.63}$$

これらの式より，

$\omega T = 0$ のとき，

$\qquad G(j\omega) = K - j0, \qquad |G(j\omega)| = K, \qquad\qquad \varphi = 0°$

$\omega T = 1$ のとき，

$\qquad G(j\omega) = 0.5K - j0.5K, \quad |G(j\omega)| = K/\sqrt{2} = 0.707K, \quad \varphi = -45°$

$\omega T = \infty$ のとき，

$\qquad G(j\omega) = 0 - j0, \qquad |G(j\omega)| = 0, \qquad\qquad \varphi = -90°$

となることがわかり，ベクトル軌跡は図 3.15 のように半円を描く．

半円を描くことは，以下のように説明できる．

式（3.61）より，実部を x（横軸），虚部を y（縦軸）とおくと，

$$x = \frac{K}{1+(\omega T)^2}, \quad y = \frac{-K\omega T}{1+(\omega T)^2}$$

となる．これより，

$$x^2 + y^2 = \left\{\frac{K}{1+(\omega T)^2}\right\}^2 + \left\{\frac{-K\omega T}{1+(\omega T)^2}\right\}^2$$

$$= \left\{\frac{K}{1+(\omega T)^2}\right\}^2 \{1+(\omega T)^2\} = K\left\{\frac{K}{1+(\omega T)^2}\right\} = Kx$$

が得られる．これより，

$$\left(x - \frac{K}{2}\right)^2 + y^2 = \left(\frac{K}{2}\right)^2$$

となるので，中心が $(K/2, 0)$，半径が $K/2$ の円であることがわかる．

c. 二次遅れ要素

二次遅れ要素の周波数伝達関数は次式で表される．

$$G(j\omega) = \frac{K\omega_n^2}{(j\omega)^2 + 2\zeta\omega_n(j\omega) + \omega_n^2} = \frac{K\omega_n^2}{(\omega_n^2 - \omega^2) + 2\zeta\omega_n j\omega} \tag{3.64}$$

分母の実数化を行い，式（3.55）の形にすると，

$$G(j\omega) = \frac{K\omega_n^2\{(\omega_n^2-\omega^2) - 2\zeta\omega_n\omega j\}}{\{(\omega_n^2-\omega^2) + 2\zeta\omega_n j\omega\}\{(\omega_n^2-\omega^2) - 2\zeta\omega_n j\omega\}}$$

$$= \frac{K\omega_n^2}{(\omega_n^2-\omega^2)^2 + (2\zeta\omega_n\omega)^2}\{(\omega_n^2-\omega^2) - 2\zeta\omega_n j\omega\} \tag{3.65}$$

となる．そして，式（3.57），式（3.58）より，絶対値と偏角は次式で表される．

$$|G(j\omega)| = \frac{K\omega_n^2}{\sqrt{(\omega_n^2-\omega^2)^2 + (2\zeta\omega_n\omega)^2}} \tag{3.66}$$

$$\varphi = \angle G(j\omega) = -\tan^{-1}\frac{2\zeta\omega_n\omega}{\omega_n^2 - \omega^2} \tag{3.67}$$

これらの式より，

$\omega = 0$ のとき，

$\quad G(j\omega) = K - j0, \qquad |G(j\omega)| = K, \qquad \varphi = 0°$

$\omega = \omega_n$ のとき，

$\quad G(j\omega) = 0 - j(0.5K/\zeta), \qquad |G(j\omega)| = 0.5K/\zeta, \qquad \varphi = -90°$

$\omega = \infty$ のとき，

$\quad G(j\omega) = 0 - j0, \qquad |G(j\omega)| = 0, \qquad \varphi = -180°$

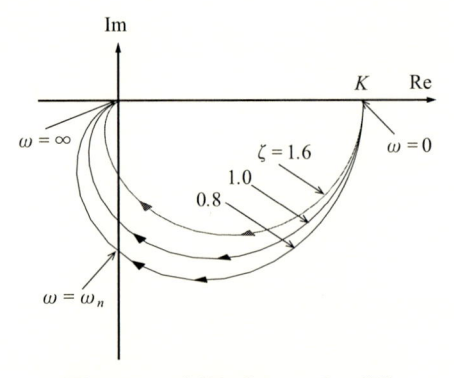

図 3.16 二次遅れ系のベクトル軌跡

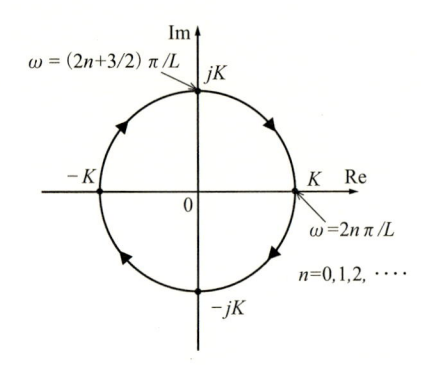

図 3.17 むだ時間要素のベクトル軌跡

となることがわかる．$\zeta=0.8, 1.0, 1.6$ の場合のベクトル軌跡を描くと図 3.16 のようになり，実軸上の $(K, j0)$ から出発し，$\omega=\omega_n$ のとき $-j(0.5K/\zeta)$ で虚軸と交わり，やがては原点に収束する．また，減衰係数 ζ が小さくなると，曲線が大きくベクトルが長くなり，振幅比 $|G(j\omega)|$ が大きくなることがわかる．

d. むだ時間要素

一般的なむだ時間要素の周波数伝達関数は，

$$G(j\omega)=Ke^{-\omega Lj} \tag{3.68}$$

で表される．これは，式 (3.56) の極座標形式の表現であり，$G(j\omega)$ の絶対値と偏角は直ちに，

$$|G(j\omega)|=K \tag{3.69}$$

$$\varphi = \angle G(j\omega) = -\omega L \tag{3.70}$$

であることがわかる．このベクトル軌跡を描くと図 3.17 のように円となる．すなわち，実軸上の $(K, j0)$ から出発し，周波数の増加とともに，半径 K の円周上を時計回りに無限に回る．これは原点に収束しない希な例である．

3.3.3 ボード線図

ベクトル軌跡は，$G(j\omega)$ が複素平面上をたどる軌跡で周波数特性を 1 つの図で簡潔に表現しており，制御系の安定判別や安定解析（第 4 章で述べる）に役立つが，周波数の変化に対する振幅比や位相の変化が直接的には把握しにくい．これらを直接的に表現し，わかりやすくしたものがボード線図（bode diagram，ボーデ線図ともいう）である．ボード線図による周波数特性の表現は計測器などの製品カタログや仕様書にもよく見られるもので，周波数応答の一般的な表現方法といえる．ちなみに，ボーデは人の名前で Hendrik Wade Bode（1905～1982 年）といい，アメリカの制御エンジニアである．

ボード線図は，図 3.18 に示すように，横軸に角周波数 ω[rad/s]（カタログなどでは普通の周波数 f [Hz] をとることもある）をとり，縦軸に次式で定義するゲイン g [dB] と，位相 φ [°] をとる．図中の実線をゲイン曲線，破線を位相曲線という．なお，広い範囲の周波数を扱うので横軸は対数目盛にする．

$$g = 20 \log_{10} |G(j\omega)| \tag{3.71}$$

$$\varphi = \angle G(j\omega) \tag{3.72}$$

図のようにゲインと位相を 1 つのグラフに描くとコンパクトになるが，本書では簡単な場合を除き，それぞれ別々のグラフを描くことにする．

さて，代表的な伝達要素のボード線図を描いてみよう．

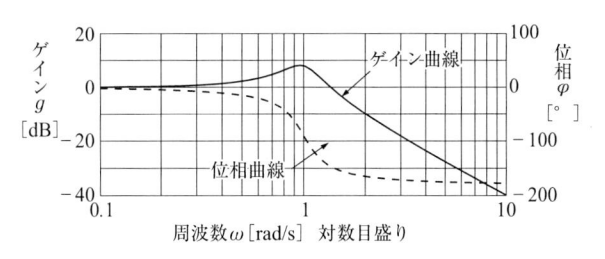

図 3.18 ボード線図

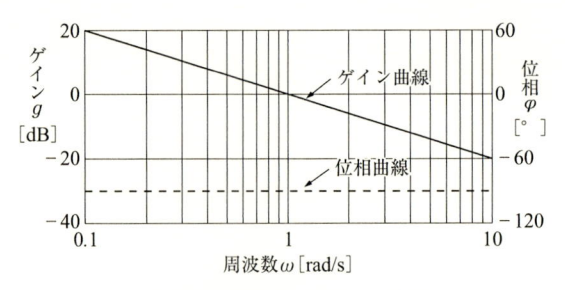

図 3.19 積分要素のボード線図

a. 積分要素

積分要素の周波数伝達関数は式 (3.59) で

$$G(j\omega) = \frac{1}{j\omega} = -\frac{1}{\omega}j$$

のように与えられるので，ゲインと位相は次式で表される．

$$g = 20\log_{10}|G(j\omega)| = 20\log_{10}\left(\frac{1}{\omega}\right) = -20\log_{10}\omega \tag{3.73}$$

$$\varphi = \angle G(j\omega) = -90° \tag{3.74}$$

これをボード線図に描くと，図 3.19 となる．ゲイン曲線は式 (3.73) を見てわかるように，横軸を対数 $\log_{10}\omega$ で表すので，傾きが -20 の直線となる．周波数 ω が 10 倍増すごとにゲインが 20 dB 下がるので，この直線の傾きは -20 dB/decade と呼ばれる．decade は，「10 からなる一組」という意味である．

b. 一次遅れ要素

一次遅れ要素の周波数伝達関数の絶対値と偏角は式 (3.62)，式 (3.63) で与えられるので，ゲインと位相は次式で表される．

$$g = 20\log_{10}|G(j\omega)| = 20\log_{10}\frac{K}{\sqrt{1+(\omega T)^2}}$$

$$= 20\log_{10}K - 10\log_{10}\{1+(\omega T)^2\} \tag{3.75}$$

$$\varphi = \angle G(j\omega) = -\tan^{-1}\omega T \tag{3.76}$$

$K=1$ として，いくつかの ωT について，ゲインと位相を計算すると下の表のようになる．

ωT	g [dB]	φ [°]
0	0	0
1($\omega=1/T$)	$-10\log_{10}2=-3.01$	-45
∞	$-\infty$	-90

そして，ボード線図を描くと，図 3.20 になる．ゲイン曲線において，周波数が高い所では，傾きが -20 dB/decade の直線になる．これは，式 (3.75) で，$K=1, \omega T \gg 1$ のとき，$g=-20\log_{10}\omega T$ となることからもわかる．ゲイン曲線は 2 つの直線で近似することができ，その交点となる周波数 $\omega=1/T$ を折点周波数（break frequency）という．このときの実際のゲインは -3.01 dB である．折点周波数は周波数応答における速応性の性能評価指標となる．

一方，位相曲線は，折点周波数で $-45°$ となり，周波数が高くなると $-90°$ に漸近する．これも 3 つの直線で折れ線近似できる．図 3.20 に示すように，$\varphi=-45°$ の点で接線（図の破線）を引くと，$\omega T=1/5$，すなわち $\omega=1/(5T)$ で $\varphi=0°$ の線と交わり，$\omega T=5$，すなわち $\omega=5/T$ で $\varphi=-90°$ の線と交わる．したがって，$\omega<1/(5T)$ では $\varphi=0°$，$\omega>5/T$ では $\varphi=-90°$ の直線，その間では接線（傾き $-64.4°$/decade）で近似できる．

なお，$K \neq 1$ の場合，式 (3.75)，式 (3.76) を見てわかるように，ボード線図上で，ゲイン曲線は $20\log_{10}K$ だけ上下に平行移動し，位相曲線は K による移動はない．

c. 二次遅れ要素

二次遅れ要素の周波数伝達関数の絶対値と偏角は式 (3.66)，式 (3.67) で

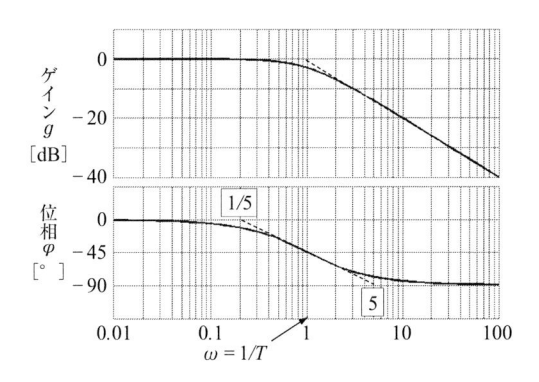

図 3.20 一次遅れ要素のボード線図

与えられるので，ゲインと位相は次式で表される．

$$g = 20 \log_{10} |G(j\omega)| = 20 \log_{10} \frac{K\omega_n^2}{\sqrt{(\omega_n^2 - \omega^2)^2 + (2\zeta\omega_n\omega)^2}}$$

$$= 20 \log_{10} \frac{K}{\sqrt{\{1-(\omega/\omega_n)^2\}^2 + \{2\zeta(\omega/\omega_n)\}^2}}$$

$$= 20 \log_{10} K - 10 \log_{10} \left[\{1-(\omega/\omega_n)^2\}^2 + \{2\zeta(\omega/\omega_n)\}^2\right] \quad (3.77)$$

$$\varphi = \angle G(j\omega) = -\tan^{-1} \frac{2\zeta(\omega/\omega_n)}{1-(\omega/\omega_n)^2} \quad (3.78)$$

$K=1$ として，いくつかの ω/ω_n について，ゲインと位相を計算すると次の表のようになる．

ω/ω_n	g [dB]	φ [°]
0	0	0
$1(\omega=\omega_n)$	$-20\log_{10}(2\zeta)$	-90
∞	$-\infty$	-180

$K=1$ とし，横軸に周波数比 ω/ω_n をとり，いくつかの減衰係数（$\zeta=0.1$, $0.2, 0.4, 0.7, 1, 2$）についてボード線図を描くと図 3.21 のようになる．

ゲイン曲線において，周波数が低くなると $g=0$ dB に漸近し，高い所では傾きが -40 dB/decade の直線になる．これは，式 (3.77) で，$K=1, \omega/\omega_n \gg 1$ のとき，$g=-40\log_{10}(\omega/\omega_n)$ と近似できることからもわかる．2つの直線の交点である周波数は $\omega=\omega_n$ となる．この周波数は二次遅れ系の周波数特性における性能評価指標になる．また，二次遅れ系のゲイン曲線の大きな特徴は，減

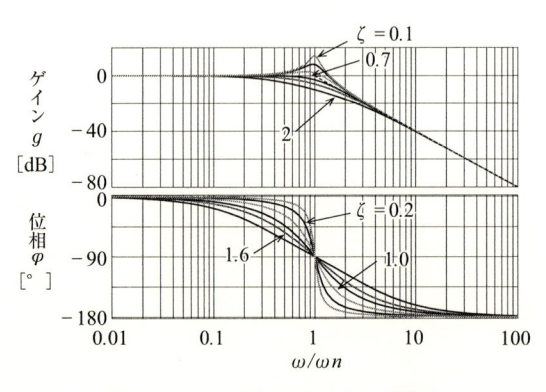

図 **3.21** 二次遅れ要素のボード線図

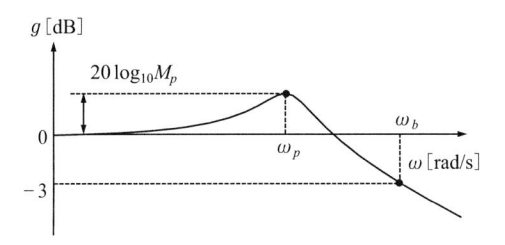

図 3.22 共振周波数など

衰係数が小さくなるにつれてゲインが大きくなることである．ゲインは振幅比であり，$\omega=\omega_n$ 付近の周波数では，出力の振幅が入力より大きくなる．これは，物理的には共鳴あるいは共振現象といわれるものである．図 3.22 に示すように，ゲインが最大値となる振幅比 $|G(j\omega)|$ を共振値 M_p あるいはピークゲイン（peak gain）といい，その周波数 ω_p を共振周波数（resonant frequency）という．また，ゲインが -3 dB となる周波数 ω_b をカットオフ（遮断）周波数（cut-off frequency）とかバンド幅（band width）という．これらも，速応性の性能指標となる．「このセンサの周波数特性は 10 kHz である」というときの周波数はカットオフ周波数のことを指す場合が多い．

さて，共振周波数 ω_p は式（3.77）を ω または ω/ω_n で微分して得られ，それを式（3.66）に代入することにより，ピークゲイン M_p の式が求められる．

$$\omega_p = \omega_n\sqrt{1-2\zeta^2} \qquad (3.79)$$

$$M_p = |G(j\omega_p)| = \frac{1}{2\zeta\sqrt{1-\zeta^2}} \qquad (3.80)$$

なお，共振が現れるのは，式（3.79）の根号内が $1-2\zeta^2>0$，すなわち，$\zeta<0.707$ のときであることがわかる．一方，図 3.21 より，位相曲線は周波数 ω_n で $-90°$ となり，周波数が高くなると $-180°$ に漸近することがわかる．

d. むだ時間要素

むだ時間要素の周波数伝達関数の絶対値と偏角は，式（3.69），式（3.70）で与えられるので，ゲインと位相は次式で表される．

$$g = 20\log_{10}|G(j\omega)| = 20\log_{10}K \qquad (3.81)$$

$$\varphi = \angle G(j\omega) = -180\,\omega L/\pi \qquad (3.82)$$

$K=1$，$L=1$ s のときのボード線図を描くと，図 3.23 のようになる．すなわち，ゲインは 0 dB と一定で，位相は負方向に無限に増加していく．

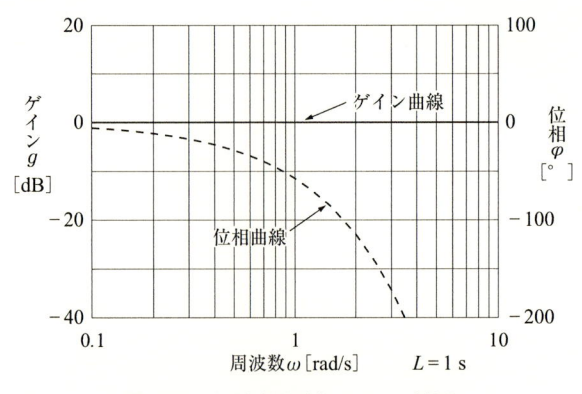

図 3.23 むだ時間要素のボード線図

e. $(1+Ts)$ 要素

微分要素 s や $1+Ts$ のような要素は位相が進み，ボード線図は積分要素や一次遅れ要素と逆の形，すなわち横軸に対して，それらと対称な形となる．これを，

$$G(j\omega)=1+\omega Tj \tag{3.83}$$

なる要素について見てみよう．上式より，ゲインと位相は次式で表される．

$$g=20\log_{10}|G(j\omega)|=10\log_{10}\{1+(\omega T)^2\} \tag{3.84}$$

$$\varphi=\angle G(j\omega)=\tan^{-1}\omega T \tag{3.85}$$

いくつかの ωT について，ゲインと位相を計算すると下の表のようになる．

ωT	g [dB]	φ [°]
0	0	0
$1(\omega=1/T)$	$10\log_{10}2=3.01$	45
∞	$-\infty$	90

ボード線図を描くと図 3.24 になる．これは，図 3.20 の一次遅れ要素のボード線図をゲイン曲線，位相曲線ともに，$g=0$ dB，$\varphi=0°$ の横軸に対して対称にとった形となる．この要素は図のように，周波数の増加とともに，ゲインが大きくなり位相が進む．一次遅れ要素の場合と同じように，ゲイン曲線は折点周波数 $(\omega=1/T)$ を境に 2 つの直線で近似することができる．位相曲線も，$\omega=1/(5T)$ と $\omega=5T$ をもとに 3 つの直線で近似できる．なお，このような位相が進む要素は単独で現れることはないが，結合した形ではよく現れる．

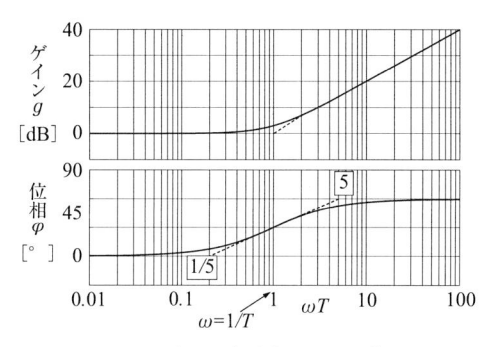

図 3.24 $(1+Ts)$ 要素のボード線図

f. 結合系のボード線図

いくつかの要素が結合した複雑な伝達関数のボード線図やベクトル軌跡を描く際，加え合わせを利用すると便利であり，位相の計算などの間違いも少なくなる．いま，周波数伝達関数が次のように2つの伝達関数の積で表されるとすると，以下のようになる．

$$G(j\omega) = G_1(j\omega) \cdot G_2(j\omega) = |G_1(j\omega)| e^{j\angle G_1(j\omega)} \cdot |G_2(j\omega)| e^{j\angle G_2(j\omega)}$$
$$= |G_1(j\omega)| \cdot |G_2(j\omega)| e^{j\{\angle G_1(j\omega) + \angle G_2(j\omega)\}} \tag{3.86}$$

したがって，ボード線図のゲインと位相は，以下のように表される．

$$g = 20 \log_{10} |G_1(j\omega)| \cdot |G_2(j\omega)|$$
$$= 20 \log_{10} |G_1(j\omega)| + 20 \log_{10} |G_2(j\omega)| \tag{3.87}$$

$$\varphi = \angle G_1(j\omega) + \angle G_2(j\omega) \tag{3.88}$$

これより，$G(j\omega)$ のボード線図を描く際，$G_1(j\omega), G_2(j\omega)$ それぞれのゲインや位相を加算すればよいことがわかる．当然，3つ以上の場合も同様である．

【例題 3.6】 次の周波数伝達関数のボード線図を描け．

$$G(j\omega) = \frac{1}{j\omega(j\omega+1)(j\omega+2)} \tag{3.89}$$

これは積分要素1つ，一次遅れ要素2つの計3要素の結合系である．これらを，

$$G_1(j\omega) = \frac{1}{j\omega}, \quad G_2(j\omega) = \frac{1}{j\omega+1}, \quad G_3(j\omega) = \frac{1}{j\omega+2}$$

のように3つの要素に分解して，それぞれのゲインと位相を求め，加算するとボード線図は図 3.25 の実線になる．図中には各要素のゲインや位相も描いている（$G_1(j\omega)$：一点鎖線，$G_2(j\omega)$：点線，$G_3(j\omega)$：破線）．

なお，式（3.89）をそのまま計算し，分母の実数化などを行い，絶対値と偏角を

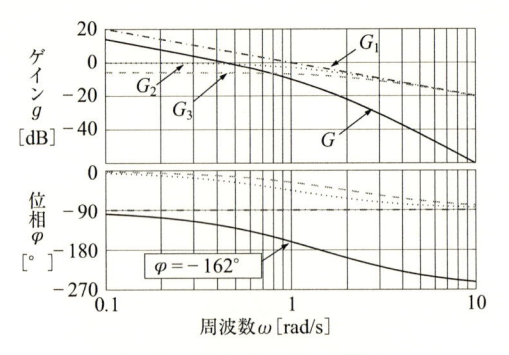

図 3.25 結合系のボード線図

求めると次式となる．

$$|G(j\omega)| = \frac{1}{\omega\sqrt{(\omega^2+1)(\omega^2+4)}} \tag{3.90}$$

$$\varphi = \angle G(j\omega) = \tan^{-1}\frac{2-\omega^2}{3\omega} \tag{3.91}$$

ゲインは問題ないが，式（3.91）で計算される位相は注意を要する．例えば，$\omega=1$ rad/s の場合，式（3.91）でそのまま計算すると，$\varphi=\tan^{-1}(1/3)=18.4°$ となるが，分解した要素から計算すると，図 3.25 の位相曲線に見られるように，$-162°$ となる．これは注意を要する．

【例題 3.7】（むだ時間＋一次遅れ）要素の周波数応答を求めよ．

2.2 節で，多くの現象は（むだ時間＋一次遅れ）要素で近似できることを述べた．そのような要素のベクトル軌跡とボード線図を描いてみよう．式（2.78）より，（むだ時間＋一次遅れ）要素の周波数伝達関数は次式となり，2つの要素に分解すると，

$$G(j\omega) = \frac{Ke^{-\omega Lj}}{1+\omega Tj} = \frac{K}{1+\omega Tj} \cdot e^{-\omega Lj} = G_1(j\omega) \cdot G_2(j\omega) \tag{3.92}$$

が考えられる．式（3.86）より，

$$|G(j\omega)| = |G_1(j\omega)||G_2(j\omega)|, \quad \angle G(j\omega) = \angle G_1(j\omega) + \angle G_2(j\omega) \tag{3.93}$$

であるので，式（3.62），（3.63），（3.69），（3.70）を用いて全体の振幅比と位相の式を求めると，次式となる．

$$|G(j\omega)| = \frac{K}{\sqrt{1+(\omega T)^2}} \cdot 1 \tag{3.94}$$

$$\varphi = \angle G(j\omega) = -(\tan^{-1}\omega T + \omega L) \tag{3.95}$$

ゲイン定数 $K=1$，時定数 $T=1$ s，むだ時間 $L=1$ s の場合のベクトル軌跡とボード線図を描くと，それぞれ図 3.26，図 3.27 のようになる．ベクトル軌跡は実軸上の $(K, j0)$ から出発し，何回も渦を巻きながら原点に収束する．当然のことであるが，むだ時間 L が小さくなると，ベクトル軌跡の形は一次遅れ要素に近づき，時定数 T

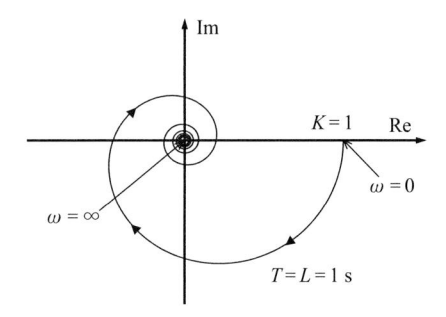

図 3.26 (むだ時間＋一次遅れ) 系のベクトル軌跡

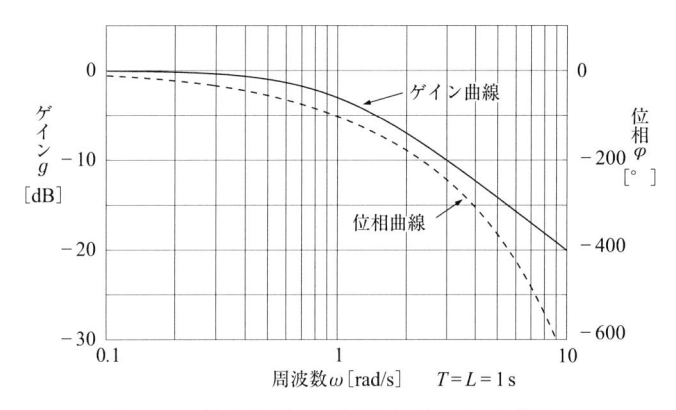

図 3.27 (むだ時間＋一次遅れ) 系のボード線図

が小さくなるとむだ時間要素に近づく．図 3.27 のボード線図のゲイン曲線は一次遅れ要素と同じであり，位相はむだ時間要素が支配的となる．

＜過渡応答や周波数応答の描画＞

　ステップ応答などの過渡応答波形やベクトル軌跡，ボード線図などの計算式の導出やグラフ化は結構面倒な作業である．しかし，基本原理を理解するためには式の展開や作画は大切な作業であり，例題や演習問題でしっかり身につけてほしい．一方，制御系の解析や設計など多くの計算や描画を行う場合は MATLAB など市販のソフトを利用するのが便利である．ソフトがない場合，Web 上で自由に使用できる対話型学習システム（http://shiwasu.ee.ous.ac.jp/matweb_cs/index.html）が便利である．

　最後に周波数応答法について，過渡応答法と比べた場合の特徴を挙げておく．

<周波数応答法の特徴>
① ステップ入力のような特定の入力を仮定する必要がなく，広い範囲の入力信号に対して考察できる．
　これは，周波数応答は広い周波数範囲の入力を用いるためである．
② 正弦波信号を用いると，要素や制御系に入ってくる雑音に対処しやすく，実験的にも特性を把握しやすい．
　これは，高周波の雑音が含まれていても入出力の振幅やピークのずれ（位相）がわかればよいので計測しやすく，実験しやすい．
③ 過渡応答法に比べ，高次系の取り扱いが容易である．逆に定常特性や減衰性は直観的にわかりにくい．
　ステップ応答などにおいて，一次遅れ系，二次遅れ系の立ち上がりの応答波形は明らかに異なるが，三次系以上になるとわかりにくい．一方，定常偏差や減衰振動の様子は過渡応答法のほうが見てすぐわかる．

人間の周波数特性は？　　　　　　　　　　　　　　　　　　　　　　**COLUMN**

　人間の目，耳，体（筋肉）の周波数特性はどれくらいであろうか．個人差は無視して考える．耳について：人間が聴こえる音の周波数範囲（可聴域）は 20 Hz～20 kHz といわれている．ということは，センサとしての耳のカットオフ周波数は 20 kHz ということになるだろう．次に，目について：映画のフィルムは毎秒 24 コマ，テレビは 25 または 30 コマの静止画像 1 コマを 2 回用いてちらつきをなくしている．また，蛍光灯などのちらつきを感じない周波数は 50～60 Hz といわれている．したがって，目の周波数特性は 50 Hz と考えて良さそうである．最後に，体について：人間の筋肉単体の周波数特性は 10 Hz といわれている．指や腕はどうであろう．光や音が提示されてからボタンを押す実験を行い人間の応答時間（反応時間）を調べると，視覚刺激の場合，0.19 秒（5.3 Hz），聴覚刺激の場合，0.15 秒（6.7 Hz）といわれている．またピアノの鍵盤などを打つ指のタッピング周波数は 5～6 Hz であり，よく似た値である．一方，全身を使う応答時間，例えば，人間がバットでボールを打つ運動などの応答時間は，0.32～0.37 秒（3.1～2.7 Hz）といわれている．ということは，人間の体全体の周波数特性は 3 Hz，指などは 6 Hz ということになるだろう．これらは人間の運動能力を解析するときに役立ちそうである．例えば，第 2 章で紹介した二次元倒立振子を人間が倒立させる場合の振子の限界長さ（40 cm 程度）を計算できるかもしれない．まだ，計算していないが…．

まとめ

制御系や要素の応答や，その求め方について述べた．応答は，過渡応答と周波数応答に大別され，周波数応答の表現法にはベクトル軌跡とボード線図がある．過渡応答は，出力 $Y(s)$ をラプラス逆変換して $y(t)$ を求めればよい．周波数応答は周波数伝達関数 $G(j\omega)$（複素数）の絶対値 $|G(j\omega)|$ が振幅比，偏角 $\angle G(j\omega)$ が位相になることを利用して求める．ステップ応答波形，ベクトル軌跡，ボード線図を見て，その物理的な内容を想像することは重要である．

◆ 演習問題

3.1 次の要素の単位インパルス応答 $(X(s)=1)$ を求め，応答波形を描け．

(1) $G(s) = \dfrac{Y(s)}{X(s)} = \dfrac{24}{s^2+20s+64}$, (2) $G(s) = \dfrac{Y(s)}{X(s)} = \dfrac{2s}{(s+2)^2(s+4)}$

3.2 次の要素の単位ステップ応答 $(X(s)=1/s)$ を求め，応答波形を描け．

(1) $G(s) = \dfrac{Y(s)}{X(s)} = \dfrac{24}{s^2+20s+64}$, (2) $G(s) = \dfrac{Y(s)}{X(s)} = \dfrac{3(s^2+9s+20)}{s^3+6s^2+11s+6}$

(3) $G(s) = \dfrac{Y(s)}{X(s)} = \dfrac{4(s+3)}{s(s+1)(s+2)}$, (4) $G(s) = \dfrac{Y(s)}{X(s)} = \dfrac{50}{s^2+3s+25}$

3.3 図 3.28 はあるフィードバック制御系のブロック線図である．以下の問いに答えよ．

(1) 閉ループ系の伝達関数 $G(s) = Y(s)/X(s)$ を求めよ．
(2) $K_2=0$ のとき，$G(s)$ は二次遅れ系になる．ステップ応答におけるオーバーシュート量を 10% に抑えたい．そのときのゲイン K_1 の値を求めよ．
(3) $K_1=24, K_2=0$ における伝達関数 $G(s)$ を求め，減衰係数 ζ と固有角周波数 ω_n の値を求めよ．
(4) そのときの単位ステップ応答の式 $y(t)$ を，式 (3.29) や前問 (3) の結果を利用して求め，応答波形のグラフを描け．また，行き過ぎ時間 t_p，オーバーシュート量 A_p，整定時間 $(\pm 5\%)$ t_s，定常偏差 e_∞ の値を応答式から求めグラフで確認せよ．定常偏差は最終値の定理と $y(t)$ の両方から求め，両者が一致することを確認せよ．
(5) $K_1=14, K_2=28$ における偏差 $E(s)$ の式を求め，インパルス応答 $(X(s)=1)$，ステップ応答 $(X(s)=1/s)$，ランプ応答 $(X(s)=1/s^2)$ における，それぞれの定常偏差の値を最終値の定理を用いて計算せよ．

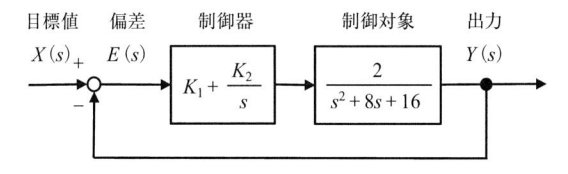

図 3.28 フィードバック制御系

3.4 伝達関数が次式で表される制御系の周波数応答である $|G(j\omega)|$ と $\angle G(j\omega)$ を計算する式を式（3.86）の加え合わせを利用して求めよ．そして，下記の ω におけるベクトルの絶対値（長さ）$|G(j\omega)|$ と偏角 $\angle G(j\omega)$ を計算し，複素平面上にプロットしてベクトル軌跡の概形を描け．

(1) $G(s) = \dfrac{2}{s(s+1)}$ ($\omega = 0.1, 0.2, 0.3, 0.5, 1, 2, 5$ rad/s)

(2) $G(s) = \dfrac{6}{(1+2s)(1+4s)}$ ($\omega = 0, 0.05, 0.1, 0.2, 0.3, 0.5, 1, 2$ rad/s)

(3) $G(s) = \dfrac{1}{(1+s)(1+2s)(1+3s)}$ ($\omega = 0, 0.02, 0.05, 0.1, 0.2, 0.3, 0.5, 1, 2$ rad/s)

3.5 前問 3.4 の周波数応答におけるゲイン $g = 20 \log_{10} |G(j\omega)|$ と位相 $\varphi = \angle G(j\omega)$ について，$\omega = 0.1, 0.2, 0.5, 1, 2, 5, 10$ rad/s における値を計算し，ボード線図の概形を描け．エクセルなどを用いる場合は，もう少し細かく計算するとよい．

3.6 次の伝達関数のボード線図の概形を描き，次数 n の増加とともにどのようになるか，特徴を述べよ．

(1) $G(s) = \dfrac{1}{s^n}$, (2) $G(s) = s^n$ $n = 1, 2, 3, 4$

3.7 次の伝達関数のゲイン曲線と位相曲線の概形を折れ線近似で描け．

(1) $G(s) = \dfrac{\sqrt{10}}{s(1+0.25\,s)(1+s)}$,   (2) $G(s) = \dfrac{1+0.5\,s}{1+0.1\,s}$

3.8 図 3.29 のような折れ線近似のゲイン曲線を持つ伝達関数を求めよ．

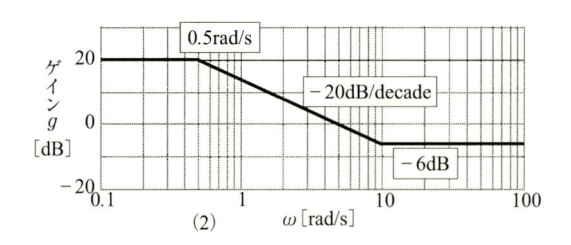

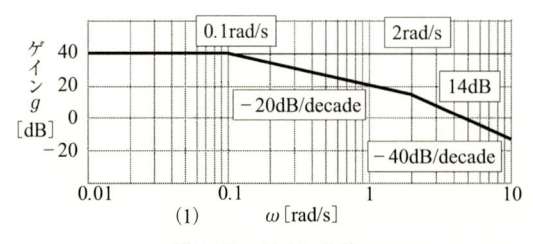

図 3.29 ゲイン曲線

3.9 伝達関数が次式

$$G(s)=\frac{16}{s^2+2s+16}$$

で表される要素の周波数応答において，ピークゲイン M_p，共振角周波数 ω_p，カットオフ周波数 ω_b の値を式（3.79）などを利用して求めよ．

3.10 図3.30は，台車－振子制御系であり，天井クレーンの簡単なモデルでもある．このシステムの数式モデルは，第2章の図2.28の一次元倒立振子において，振子がぶら下がっている場合として導出される．すなわち，$\theta(t)=\theta_1(t)+\pi$ として，式（2.81），式（2.82）に代入し整理して，$\theta_1(t)$ を改めて $\theta(t)$ とおき，線形化を行い，次式が得られる．

$$(M+m)\frac{d^2x(t)}{dt^2}-mL\frac{d^2\theta(t)}{dt^2}=-D\frac{dx(t)}{dt}+u(t) \tag{3.96}$$

$$mL\frac{d^2x(t)}{dt^2}-(J+mL^2)\frac{d^2\theta(t)}{dt^2}=C\frac{d\theta(t)}{dt}+mgL\theta(t) \tag{3.97}$$

台車を動かしたときの振子の運動について，以下の問いに答えよ．

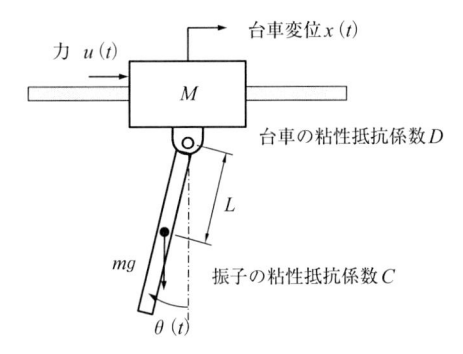

図3.30 台車-振子駆動系

(1) 式（3.96），式（3.97）を導け．
(2) 式（3.97）から，台車変位 $X(s)$ を入力，振子角度 $\theta(s)$ を出力とする伝達関数 $F(s)=\theta(s)/X(s)$ を求めよ．さらに，各パラメータが以下の値であるとき，伝達関数 $F(s)$ の最終形 $G(s)$ を求めよ．なお，分母の多項式の最高次数の係数は1とせよ．また，振子角度の単位が度になるように分子の係数を決めること．
振子質量 m：0.1 kg，振子の回転軸-重心間距離 L：0.5 m，振子の重心周りの慣性モーメント J：0.01 kgm²，振子の粘性抵抗係数 C：0.021 kgm²/s
(3) $G(s)$ から，振子の固有周波数 f_n [Hz] と減衰係数 ζ の値を求めよ．
(4) 入力変位として振幅0.1 m，周波数 f [Hz]，0.1, 0.2, 0.5, 0.6, 1, 2 Hz の正弦波信号を台車に加えたときの定常応答における振子の振れ角度（振幅）[°] を求め，表にせよ．
(5) $G(s)$ のボード線図の概形を描け．

4.
制御系の安定性

　制御理論の出発点が制御系の安定性の解析であったように（1.5節参照），制御系が有効に働くためには，まず安定でなくてはならない．制御系が時間の経過とともにある一定の状態に収束する場合を安定といい，そうでない場合を不安定という．例えば，サスペンションなどの機械振動系に初期振動を与えた場合，安定な系であれば時間とともに振動は減衰し消滅する．不安定な系であれば振動振幅が増加し発散する．同様に，安定な制御系では，インパルス応答は 0 に，ステップ応答は入力されたある一定値に，正弦波応答は入力信号と同周波数の一定振幅の正弦波に収束する．このような現象を支配する性質を制御系の安定性と呼び，安定性の評価は制御系の解析と設計において重要である．

　目標：制御系の安定性（安定・不安定）について学び，制御理論を支配する特性方程式（特性根）から安定判別を行う方法，さらに制御対象および制御装置・フィードバック要素を一巡する入出力の信号の振幅と位相に着目して安定判別を行う方法について理解する．特にボード線図のゲイン・位相曲線とベクトル軌跡から制御系の安定度を評価できるようになる．

　キーワード：制御系の安定性，安定判別法，特性方程式，ボード線図，ベクトル軌跡，安定余裕

4.1　安定性の概念

4.1.1　安定条件の記述

　図 4.1 に示すフィードバック制御系の安定性について考えよう．この系の閉ループ伝達関数 $W(s)(=Y(s)/X(s))$ が次式により表現されるとする．

$$W(s) = \frac{b_m s^m + b_{m-1} s^{m-1} + \cdots + b_1 s + b_0}{s^n + a_{n-1} s^{n-1} + \cdots + a_1 s + a_0}$$

$$= \frac{b_m s^m + b_{m-1} s^{m-1} + \cdots + b_1 s + b_0}{(s-p_1)(s-p_2)\cdots(s-p_n)} \quad (4.1)$$

ここで，通常は $n>m$ である．閉ループ伝達関数の分母多項式を 0 とおいた方

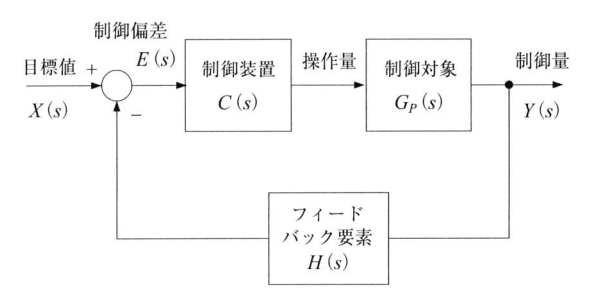

図 4.1 フィードバック制御系の構成

程式が制御系の特性方程式であり，その根 $p_i (i=1, \cdots, n)$ は特性根と呼ばれる．

簡単のため特性根に重根がないとすれば，例えば，制御系のインパルス応答は次式で与えられる．

$$y(t) = A_1 e^{p_1 t} + A_2 e^{p_2 t} + \cdots + A_n e^{p_n t} \tag{4.2}$$

また，ステップ応答は次式で与えられる．

$$y(t) = B_0 + B_1 e^{p_1 t} + B_2 e^{p_2 t} + \cdots + B_n e^{p_n t} \tag{4.3}$$

ここで，A_i, B_i はヘビサイドの展開定理などを利用して求められる定数である（3.1 節の過渡応答や付録 A.5：ラプラス逆変換を参照）．右辺の指数項（モードと呼ばれる）が時間の経過とともにすべて 0 に収束すれば，インパルス応答は 0 に，ステップ応答は一定値に収束する．逆に，0 に収束しない指数項が 1 つでも存在すれば応答は発散する．特性根が重根を持つ場合，あるいは正弦波入力などの一般的入力に対しても同様のことがいえる．

以上より，制御系が安定であるためにはすべての特性根の実数部（$(\operatorname{Re} p_i)$ と書く）が負でなければならないことがわかる．すなわち，制御系が安定であるための必要十分条件は次式となる．

$$\operatorname{Re} p_i < 0, \quad i = 1, 2, \cdots, n \tag{4.4}$$

共役複素根に対応するモードは振動的成分となる．振動振幅の時間的変化は $\exp(\operatorname{Re} p_i)$ により決定され，式（4.4）が満たされていれば振動振幅は時間とともに減少して 0 に収束する（付録 A.5：ラプラス逆変換を参照）．

4.1.2　アーム制御系の例題

ロボットアーム制御系により安定条件を具体的に考察しよう．図 4.2 のよう

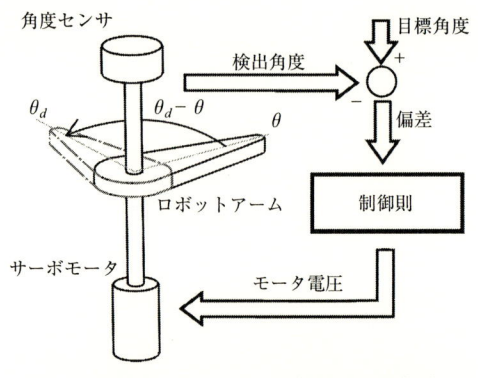

図4.2 モータによる位置決め制御系

なサーボモータによる1リンクロボットアームの角度制御系を考える．必要な変数を次のように定義する．

$e(t)$：モータへの入力電圧 [V]

$i(t)$：電機子（回転子）コイルの電流 [A]

$\theta(t)$：アームの角度 [rad]（減速していないのでモータ回転角と同じ）

$\theta_d(t)$：アームの目標角度 [rad]

$\tau(t)$：モータ発生トルク [Nm]

R：電機子コイルの電気抵抗 [Ω]

L：電機子コイルのインダクタンス [H]

J：電機子，軸，アームの合計慣性モーメント [kgm^2]

D：アームの回転粘性抵抗係数 [Nms/rad]

K_T：モータのトルク定数 [Nm/A]

K_P：コントローラの比例ゲイン [V/rad]

簡単のためモータの逆起電力を無視すると，電気回路，モータトルク，アームの運動に関して以下の式が成り立つ．

$$e(t) = R \cdot i(t) + L\frac{di(t)}{dt} \tag{4.5}$$

$$\tau(t) = K_T \cdot i(t) \tag{4.6}$$

$$J\frac{d^2\theta(t)}{dt^2} = \tau(t) - D\frac{d\theta(t)}{dt} \tag{4.7}$$

比例制御を行うとすると，操作量（モータへの入力電圧）は次式で表される．

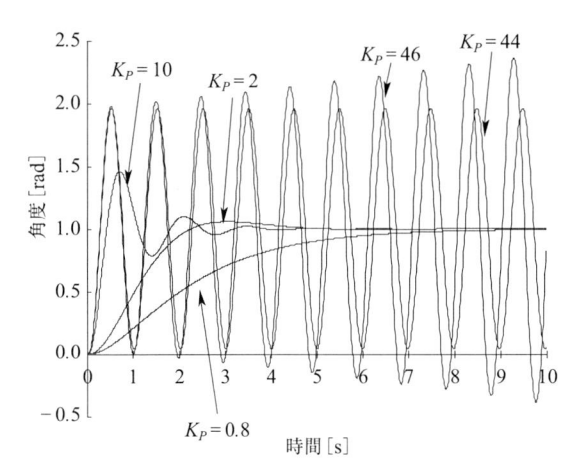

図 4.3 例題の K_P に対するアーム角度のステップ応答

$$e(t)=K_P\{\theta_d(t)-\theta(t)\} \quad (4.8)$$

これらの式をラプラス変換し，アームの目標角度 $\theta_d(s)$ を入力，アーム角度 $\theta(s)$ を出力とする制御系の閉ループ伝達関数を求めると次式となる．

$$\frac{\theta(s)}{\theta_d(s)}=\frac{K_P K_T}{JLs^3+(DL+JR)s^2+DRs+K_P K_T} \quad (4.9)$$

式（4.9）が式（4.1）の $W(s)$ に相当し，その特性根により応答の形態が支配される．

一例として，各パラメータに具体的な数値を入れると，次の伝達関数が得られる．

$$\frac{\theta(s)}{\theta_d(s)}=\frac{20K_P}{s^3+22s^2+40s+20K_P} \quad (4.10)$$

いくつかの比例ゲイン K_P (0.8, 2, 10, 44, 46) に対する特性根は次のようになる．

$$\begin{aligned}
&K_P=0.8: \quad -20.04, \quad -1.38, -0.580 \\
&K_P=2 \quad : \quad -20.1, \quad\ -0.945\pm j1.05 \\
&K_P=10 \quad : \quad -20.5, \quad\ -0.737\pm j3.03 \\
&K_P=44 \quad : \quad -22.0, \quad\ \pm j6.32 \\
&K_P=46 \quad : \quad -22.1, \quad\ 0.0379\pm j6.46
\end{aligned} \quad (4.11)$$

また，それぞれの K_P に対するアーム角度のステップ応答（$\theta_d(s)=1/s$）を計算すると図 4.3 のようになる．$K_P=0.8, 2, 10$ の場合には，特性根が式（4.4）を

満足し制御系は安定であり応答は目標角度 $\theta_d=1\,\mathrm{rad}$ に収束する．$K_P=2, 10$ では複素根が存在するため振動的応答となる．また，実数部の絶対値に比べて虚数部の絶対値が大きくなるほどより振動的となる．$K_P=44$ の場合には複素根の実数部が 0 のため振幅一定の持続振動となる．$K_P=46$ のときには式 (4.4) が満足されず制御系は不安定となり応答が発散する．この場合，共役複素根の実数部が正のため振動振幅が時間とともに増加する．

以上のように特性根は制御系の応答特性を決定する．特に制御系の安定性は式 (4.4) の条件を調べることにより直ちに判定できる．

ただし，式 (4.4) の条件を調べるためにはすべての特性根を求める必要があり，特性方程式が高次の場合それは容易ではない．そのため，特性方程式を直接に解かないで式 (4.4) の条件を吟味するため，以下で述べるいくつかの安定判別法が利用される．

4.2 安定判別法

図 4.1 に示すフィードバック制御系の安定判別について，ラウスの安定判別法，フルビッツの安定判別法，根軌跡を用いる方法，ナイキストの安定判別法について説明する．

目標値（入力）を $X(s)$，制御量（出力）を $Y(s)$，制御対象の伝達関数を $G_P(s)$，制御装置あるいは補償要素の伝達関数を $C(s)$，フィードバック要素の伝達関数を $H(s)$ とする．ここで，$G(s)=C(s)G_P(s)$ とするとき，閉ループ伝達関数 $W(s)$ は

$$W(s)=\frac{G(s)}{1+G(s)H(s)} \tag{4.12}$$

で与えられる．また，$G_0(s)=G(s)H(s)$ を開ループ伝達関数（一巡伝達関数）と呼ぶ．$W(s)$ の分母の多項式を 0 とおいた

$$1+G(s)H(s)=0 \tag{4.13}$$

が特性方程式となる．すでに述べたように特性方程式のすべての根が負の実数部を持てば制御系は安定である．

4.2.1 ラウスの安定判別法

特性方程式が

$$s^n + a_{n-1}s^{n-1} + a_{n-2}s^{n-2} + \cdots + a_2 s^2 + a_1 s + a_0 = 0 \tag{4.14}$$

で与えられる場合について考える.

ラウスの安定判別法では以下のラウス数列をつくる.

$$
\begin{array}{c|cccc}
s^n & 1 & a_{n-2} & a_{n-4} & \cdots \\
s^{n-1} & a_{n-1} & a_{n-3} & a_{n-5} & \cdots \\
s^{n-2} & B_1 & B_2 & B_3 & \cdots \\
s^{n-3} & C_1 & C_2 & C_3 & \cdots \\
\cdots & \cdots & \cdots & \cdots & \cdots \\
\cdots & \cdots & \cdots & \cdots & \cdots \\
s^1 & \cdots & \cdots & \cdots & \cdots \\
s^0 & Z_1 & \cdots & \cdots & \cdots
\end{array}
\tag{4.15}
$$

上記ラウス数列の第3行目以降の係数 $B_1, B_2, \cdots, C_1, C_2$ は,次式から求められる.

$$B_1 = -\frac{1}{a_{n-1}} \begin{vmatrix} 1 & a_{n-2} \\ a_{n-1} & a_{n-3} \end{vmatrix} = \frac{a_{n-1}a_{n-2} - a_{n-3}}{a_{n-1}}$$

$$B_2 = -\frac{1}{a_{n-1}} \begin{vmatrix} 1 & a_{n-4} \\ a_{n-1} & a_{n-5} \end{vmatrix} = \frac{a_{n-1}a_{n-4} - a_{n-5}}{a_{n-1}}$$

$$\cdots \tag{4.16}$$

$$C_1 = -\frac{1}{B_1} \begin{vmatrix} a_{n-1} & a_{n-3} \\ B_1 & B_2 \end{vmatrix} = \frac{B_1 a_{n-3} - B_2 a_{n-1}}{B_1}$$

$$C_2 = -\frac{1}{B_1} \begin{vmatrix} a_{n-1} & a_{n-5} \\ B_1 & B_3 \end{vmatrix} = \frac{B_1 a_{n-5} - B_3 a_{n-1}}{B_1}$$

数列の第1列の係数について符号を評価し,制御系が安定であるための必要十分条件は以下のように与えられる.

(1) 特性方程式の係数がすべて正であること
(2) ラウス係数行列の第1項数列 $(B_1, C_1, \cdots Z_1)$ がすべて正であること

【例題 4.1】 $s^3 + 3s^2 + 2s + 3 = 0$ についてラウスの安定判別法を適用してみよう.
ラウス数列は次のように表される.

s^3	1	2
s^2	3	3
s^1	B_1	B_2
s^0	C_1	C_2

特性方程式の各係数はすべて正であり，B_1, B_2, C_1, C_2 は，

$$B_1 = -\frac{1}{3}\begin{vmatrix} 1 & 2 \\ 3 & 3 \end{vmatrix} = 1 > 0, \quad B_2 = -\frac{1}{3}\begin{vmatrix} 1 & 0 \\ 3 & 0 \end{vmatrix} = 0$$

$$C_1 = -\frac{1}{1}\begin{vmatrix} 3 & 3 \\ 1 & 0 \end{vmatrix} = 3 > 0, \quad C_2 = -\frac{1}{1}\begin{vmatrix} 3 & 0 \\ 1 & 0 \end{vmatrix} = 0$$

となり，第1列の係数は $B_1 > 0, C_1 > 0$ であり，制御系は安定となる．

4.2.2 フルヴィッツの安定判別法

フルヴィッツ行列 H を次のように定義する．

$$H = \begin{bmatrix} a_{n-1} & a_{n-3} & a_{n-5} & a_{n-7} & \cdots & \cdots & \cdots \\ 1 & a_{n-2} & a_{n-4} & a_{n-6} & \cdots & \cdots & \cdots \\ 0 & a_{n-1} & a_{n-3} & a_{n-5} & \cdots & \cdots & \\ 0 & a_n & a_{n-2} & a_{n-4} & \cdots & \cdots & \\ 0 & 0 & a_{n-1} & a_{n-3} & \cdots & \cdots & \\ \vdots & \vdots & \vdots & \vdots & \vdots & \vdots & 0 \\ 0 & 0 & \cdots & \cdots & \cdots & \cdots & a_0 \end{bmatrix} \quad (4.17)$$

ここで次に示す行列式について

$$H_1 = a_{n-1}, \quad H_2 = \begin{vmatrix} a_{n-1} & a_{n-3} \\ 1 & a_{n-2} \end{vmatrix}, \quad H_3 = \begin{vmatrix} a_{n-1} & a_{n-3} & a_{n-5} \\ 1 & a_{n-2} & a_{n-4} \\ 0 & a_{n-1} & a_{n-3} \end{vmatrix}, \quad \cdots \quad (4.18)$$

制御系が安定であるための必要十分条件は

(1) 特性方程式の係数がすべて正であること

(2) フルヴィッツ行列の行列式の値 $H_i > 0$ $(i = 1, 2, \cdots, n-1)$ となること

である．

前述の例題の特性方程式の定数項が10の場合の $s^3 + 3s^2 + 2s + 10 = 0$ についてフルヴィッツ行列を求めてみよう．この場合も特性方程式の係数はすべて正であるが，フルヴィッツ行列は

$$H_1 = 3$$

$$H_2 = \begin{vmatrix} 3 & 10 \\ 1 & 2 \end{vmatrix} = -4 < 0$$

となり，制御系は不安定である．

1895年に発表されたフルヴィッツの安定判別法は，1877年に発表されたラウスの安定判別法と等価であり，両者をまとめてラウス-フルヴィッツの安定判別法と呼ぶこともある．

4.2.3　根軌跡法

フィードバック制御系が図4.4で与えられる場合，閉ループ伝達関数は

$$W(s) = \frac{KG_P(s)}{1 + KG_P(s)H(s)} \tag{4.19}$$

となる．これは図4.1のフィードバック制御系において制御装置の伝達関数を比例ゲインKとしたものである．このとき，特性方程式は

$$1 + KG_P(s)H(s) = 0 \tag{4.20}$$

で与えられる．特性方程式はゲインKの関数になり，特性根はゲインの値に応じて複素平面上を移動する．Kの値を0から無限大まで変化させ，特性根の値を複素平面上に軌跡として描いたものが根軌跡である．特性根の実数部と虚数部の値，すなわち複素平面上での位置により，制御系の応答特性が評価でき，制御系の安定判別にも利用できる．

ここでは，例題を用いて根軌跡の性質と安定判別について説明する．

【例題4.2】
$KG_P(s)H(s) = K/\{s(s+1)(s+2)\}$のフィードバック制御系の特性方程式は$s(s+1)(s+2) + K = 0$で与えられ，ゲイン$K$の値を0から無限大に変化させるとき，図4.5のような根軌跡が得られる．

1) 根軌跡は$KG_P(s)H(s)$の極，$s = 0, -1, -2$から始まり，無限遠点あるいは零点

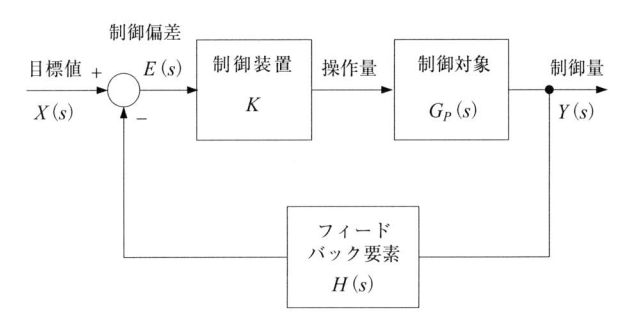

図4.4　制御装置が比例ゲインKのみを持つ場合のフィードバック制御系

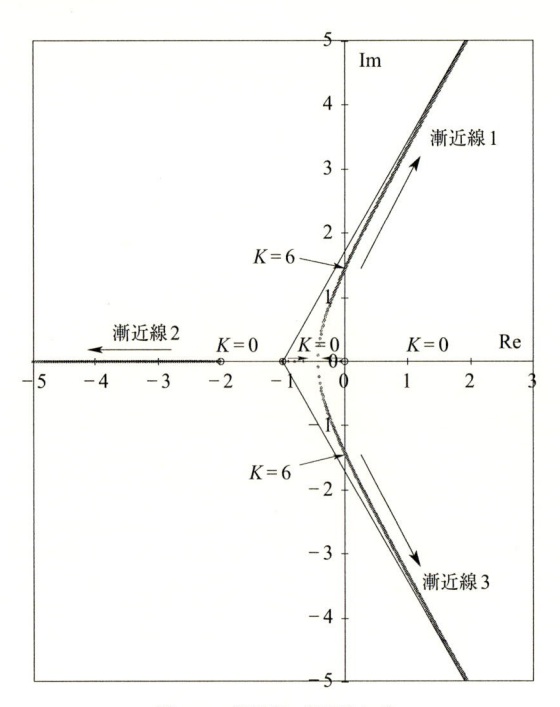

図 4.5 根軌跡（例題 4.2）

で終わる．この例題では無限遠点で終わっている．
2) 根軌跡は複素平面の実軸に対して対称である．
3) 根軌跡の分枝は $KG_P(s)H(s)$ の極の数に等しい．この例題では分枝は 3 である．
4) 極の数を n，零点の数を m とするとき，無限遠点に向かう根軌跡の漸近線は方向角 θ_k を持つ半直線となる．$r=n-m$ として

$$\theta_k = \frac{(2k+1)\pi}{r} \quad (k=0, 1, 2, \cdots, |r|-1)$$

漸近線の実軸上での交点の座標は

$$[(極の座標値の和)-(零点の座標値の和)]/r$$

となる．この例題では，$n=3, m=0$ であり，$r=3$ となり，3 本の漸近線の方向角は

$$\theta_0 = \frac{\pi}{3}, \quad \theta_1 = \pi, \quad \theta_2 = \frac{5\pi}{3}$$

漸近線の実軸上での交点の座標値は

$$\frac{0+(-1)+(-2)}{3} = -1$$

となる.
5) 根軌跡が虚数軸と交わるとき,特性根は実数部が0で虚数部のみを持つ.このときのゲイン K の値がラウス–フルヴィッツの安定判別法での安定限界を与える.この例題では $K=6$ となる.

そのほかにも根軌跡についてはいろいろな性質があるが,ここでは省略する.

4.2.4 ナイキストの安定判別法

ナイキストの安定判別法は1932年にフィードバック増幅器の設計のために考案された.図4.1に示したフィードバック制御系の特性方程式(4.13)は一般に高次の代数方程式となり,直接に根を求めることは困難な場合が多い.また,むだ時間要素を含む場合,ラウス–フルヴィッツの安定判別法は利用できない.そのような場合に,開ループ伝達関数(一巡伝達関数)の周波数特性から安定判別を行うナイキストの安定判別法が利用できる.

図4.6に示すフィードバック制御系の開ループ伝達関数 $G_0(s)=G(s)H(s)$ の周波数応答 $G_0(j\omega)$ を用いてナイキストの安定判別法の概要を説明する.

ここで,$G(s), H(s)$ が安定であると仮定し,フィードバック制御系の出力 $y(t)$ が一定振幅で振動する条件を調べてみよう.簡単のため $x(t)=0$ とする.例えば,
$$e(t)=\sin \omega t$$
と仮定するとフィードバックループ内の信号が一定振幅で振動するのは
$$f(t)=-\sin \omega t$$
となるときである.一方,要素 $G_0(j\omega)$ の出力は
$$f(t)=|G_0(j\omega)| \sin(\omega t + \angle G_0(j\omega)) \tag{4.21}$$
と表せるので,

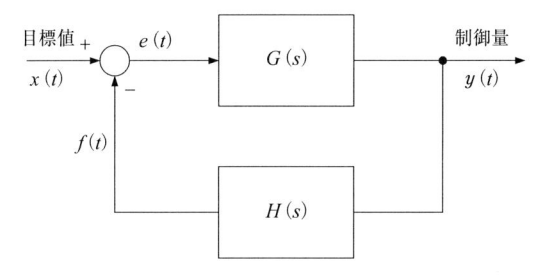

図 4.6 フィードバック制御系

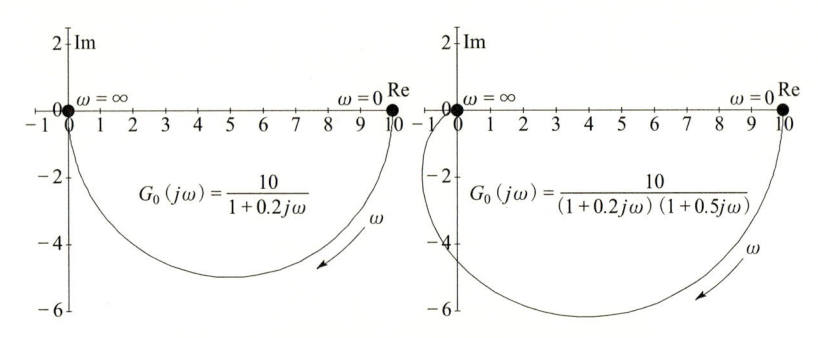

図 4.7 一次遅れ要素と二次遅れ要素のベクトル軌跡

$$|G_0(j\omega)|=1, \quad \angle G_0(j\omega)=-180°$$

が成り立つとき，一定振幅の振動が生じることになる．

したがって $-180°$ で $|G_0(j\omega)|>1$ ならば $e(t)$ の振幅は時間とともに増加して $y(t)$ が発散し，逆に $|G_0(j\omega)|<1$ ならば $e(t)$ の振幅は減少して $y(t)$ が減衰することが推測される．すなわち，

$$|G_0(j\omega)|<1, \quad \angle G_0(j\omega)=-180° ならば安定$$
$$|G_0(j\omega)|>1, \quad \angle G_0(j\omega)=-180° ならば不安定$$

という判定が可能と考えられる．

すなわち，$G(s), H(s)$ が安定であるとき，開ループ伝達関数 $G_0(j\omega)$ のベクトル軌跡が $-1+j0$ を左に見て通過するならばフィードバック制御系

$$W(s)=\frac{G(s)}{1+G(s)H(s)}$$

は安定，右に見て通過すれば不安定である．ベクトル軌跡が点 $-1+j0$ を通るとき，制御系は安定限界であるという．

式 (4.22) および式 (4.23) に示す一次遅れ系，二次遅れ系の場合，位相遅れは角周波数 ω の増加につれて $90°$，$180°$ に近づき，図 4.7 のベクトル軌跡からも明らかなように制御系は安定である．

$$G_0(j\omega)=\frac{K}{1+j\omega T}, \quad K>0 \qquad (4.22)$$

$$G_0(j\omega)=\frac{K}{(1+j\omega T_1)(1+j\omega T_2)}, \quad K>0 \qquad (4.23)$$

しかし，伝達関数の分子にむだ時間要素 $e^{-j\omega}$ を含む場合には ω の増加に比

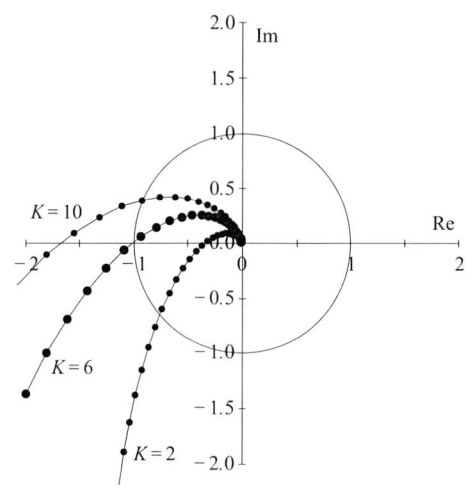

図 4.8　例題のベクトル軌跡（$K=6$ のとき安定限界）

例して位相遅れが大きくなり続けるので制御系が不安定となることがある．このときのベクトル軌跡については章末の演習問題 4.1(1) とする．

【例題 4.3】 開ループ伝達関数（一巡伝達関数）が $G_0(s)=K/s(s+1)(s+2)$ で与えられる場合のベクトル軌跡を描いてみよう．

角周波数 ω が大きくなると位相遅れは $180°$ を越えて $270°$ に近づく．図 4.8 に $K=2, 6, 10$ の場合のベクトル軌跡を示す．例えば，$K=10$ のときベクトル軌跡は $(-1, +j0)$ を右にみて通過し，制御系は不安定となる．

4.3　位相余裕とゲイン余裕

4.3.1　ベクトル軌跡を用いた安定度の評価

開ループ伝達関数 $G_0(s)$ のベクトル軌跡は図 4.9(a) に示すように安定，安定限界，不安定の 3 つの場合に分類できる．

図 4.9(b) に制御系が安定な場合のベクトル軌跡と単位円を示す．ベクトル軌跡は $(-1, +j0)$ を左にみながら原点に収束する．軌跡が単位円と交わる点 C をゲイン交点，負の実軸と交わる点 P を位相交点という．ゲイン交点における位相と $-180°$ までの差を位相余裕といい，この位相差が大きいほど位相

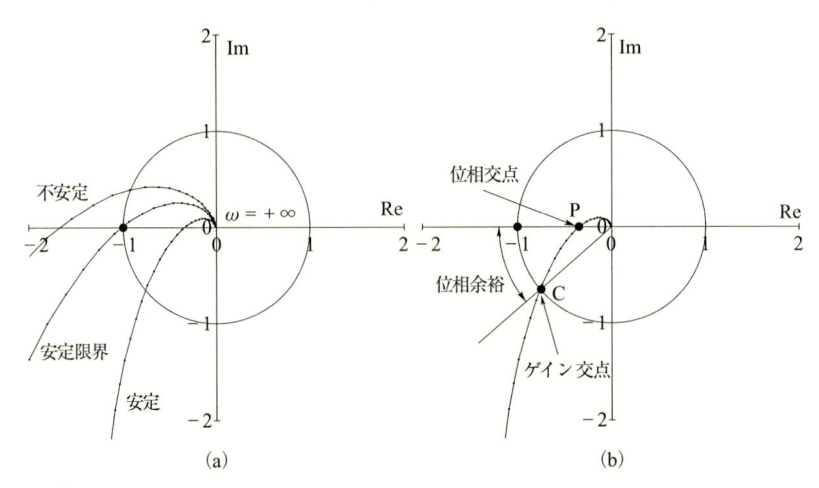

図 4.9 ナイキストの安定判別法とゲイン余裕および位相余裕

余裕が大きい．また，ゲイン余裕については 4.3.2 項で詳しく述べるが，$\overline{\mathrm{OP}}=|G_0(j\omega_P)|$ が 1 に比べて小さいほどゲイン余裕が大きく，位相余裕とゲイン余裕が大きいほど制御系の安定度は高い．

4.3.2 ボード線図による安定度の評価

開ループ伝達関数のボード線図を図 4.10 に示す．ゲインが 0 dB となるゲイン交点における角周波数をゲイン交差周波数，また位相が $-180°$ となる位相交点の角周波数を位相交差周波数という．位相余裕やゲイン余裕をボード線図上で表現すると角周波数との関係が理解しやすいので制御系の設計によく利用される．

位相余裕 θ_m は，制御系が不安定となる位相遅れ $180°$ までにどの程度の余裕があるかを示すものであり，ゲイン交差周波数を ω_C とすると，次式で与えられる．

$$\theta_m = \angle G_0(j\omega_C) + 180° \tag{4.24}$$

一方，位相交差周波数 ω_P における開ループ伝達関数のゲインは $20\log_{10}|G_0(j\omega_P)|$ で表され，ゲイン余裕 g_m[dB] は次式で与えられる．

$$g_m = -20\log_{10}|G_0(j\omega_P)| \tag{4.25}$$

なお，ゲイン余裕 g_m の真数値 $1/|G_0(j\omega_P)|$ は，図 4.9(b) のベクトル軌跡にお

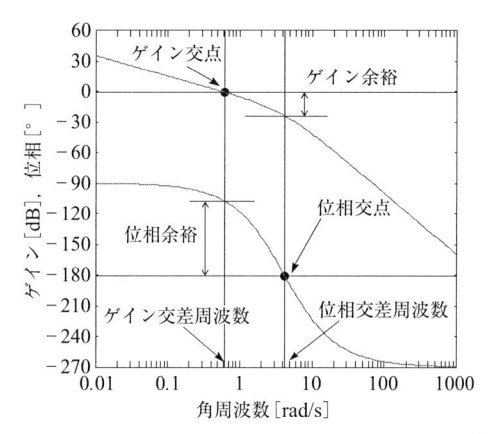

図 4.10 ボード線図での位相余裕とゲイン余裕

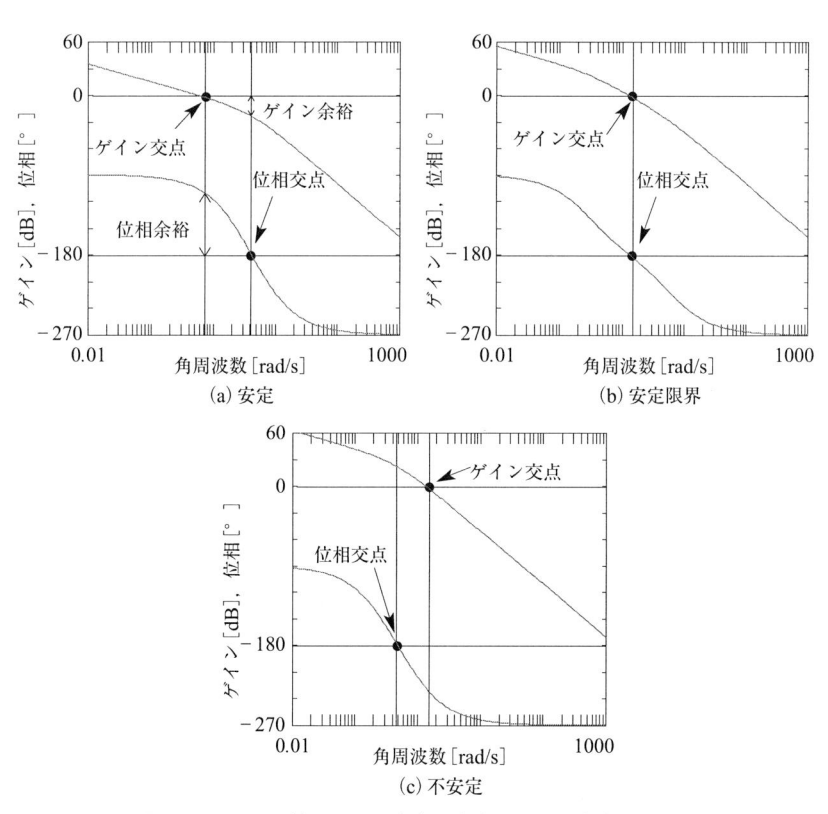

(a) 安定

(b) 安定限界

(c) 不安定

図 4.11 ボード線図による安定，安定限界，不安定の判別

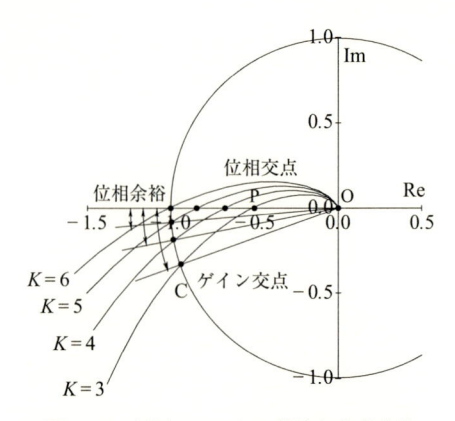

図 4.12 例題のベクトル軌跡と位相余裕

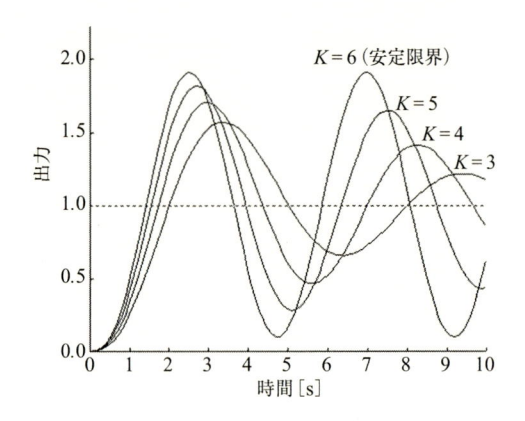

図 4.13 安定余裕とステップ応答の安定度

ける $1/\overline{\mathrm{OP}}$ に相当する．

図 4.11 に，安定である場合，安定限界の場合，不安定の場合のボード線図を示す．さらに図 4.8 に示した例題について，ベクトル軌跡における位相余裕，ゲイン余裕を図 4.12 に，位相余裕やゲインの違いによる制御系の安定度（ステップ応答）を図 4.13 に示す．$K=3$ のとき：$g_m=6.0$ dB，$\theta_m=20.0°$，$K=4$ のとき：$g_m=3.5$ dB，$\theta_m=11.4°$，$K=5$ のとき：$g_m=1.6$ dB，$\theta_m=5.0°$，$K=6$ のとき：$g_m=0$ dB，$\theta_m=0°$ である．図 4.13 を見るとゲイン K が大きくなると位相余裕，ゲイン余裕ともに減少して安定性が低下する．その結果，応答はより振動的となる．

まとめ

特性方程式の係数から制御系の安定性を判別するラウスの安定判別法，ラウス-フルビッツ安定判別法，特性根の根軌跡を用いる方法，さらに開ループ伝達関数のベクトル軌跡から安定判別する方法を説明した．開ループ伝達関数のボード線図やベクトル軌跡は，そのゲイン曲線，位相曲線や軌跡から位相余裕，ゲイン余裕をみることができ，制御系の安定性だけでなく，安定度を評価することができる．

◆ 演習問題

4.1 次の開ループ伝達関数のベクトル軌跡を描け．
(1) $\dfrac{e^{-0.2s}}{0.1s+1}$, (2) $\dfrac{1}{s(s+1)}$, (3) $\dfrac{s-0.5}{s(s+1)}$

4.2 開ループ伝達関数 $K/\{(s+1)(s+2)(s+3)\}$ が与えられている．
(1) $K=10, K=40, K=80$ のベクトル軌跡を描け．
(2) 安定限界における K の値を求めよ．
(3) 直結フィードバックによる閉ループ伝達関数を求め，特性方程式から制御系が安定となる K の範囲を求めよ．

4.3 開ループ伝達関数 $K/\{(s+1)(s+2)(s+3)\}$ が与えられている．$K=10, K=80$ のボード線図を描き，ゲイン交差周波数を求め，安定余裕について考察せよ．

4.4 ラウス数列の第3行目以降の s のべき乗に関する係数行列は，各べき乗の係数を用いて次のような多項式で表される．
$$P_{n-2}(s)=B_1 s^{n-2}+B_2 s^{n-4}+\cdots$$
であり，$P_{n-2}(s)$ は
$$P_n(s)=s^n+a_{n-2}s^{n-2}+\cdots$$
を次式で割った余りである．
$$P_{n-1}(s)=a_{n-1}s_{n-1}+a_{n-3}s_{n-3}+\cdots$$

例えば，特性方程式 $s^2+K_2 s+K_1=0$ では
$$P_2(s)=s^2+K_1, \quad P_1(s)=K_2 s$$
から
$$P_2(s)=(s/K_2)P_1(s)+K_1$$
となり，
$$P_0(s)=K_1$$
となる．これより s^0 の係数 $B_1=K_1$ と計算でき，制御系が安定であるためには $K_1>0, K_2>0$ となる．

以下の4つの特性方程式について，①ラウスの安定判別法，②フルヴィッツの安定判

別法,③多項式の剰余から求める方法(ユークリッドの互除法を用いる)により,安定か不安定であるかを判別せよ.

(1) $s^4+10s^3+35s^2+50s+24=0$
(2) $s^4+s^3+2s^2+2s+1=0$
(3) $s^3+2s^2+2s+1=0$
(4) $s^3+2s^2+2s+8=0$

4.5 式(4.20)において $G_P(s)$ および $H(s)$ が以下のように与えられているとき,特性方程式を求め,根軌跡を描け.また,安定性について検討せよ.

(1) $G_P(s)=\dfrac{1}{s(s+2)}$, $H(s)=1$
(2) $G_P(s)=\dfrac{1}{s(s^2+2s+2)}$, $H(s)=1$

4.6 開ループ伝達関数が以下のように与えられるフィードバック制御系において,ゲイン余裕が 20 dB となるようにゲイン K の値を定めよ.
$$G_0(s)=\frac{Ke^{-s}}{1+s}$$

4.7 開ループ伝達関数が以下のように与えられるフィードバック制御系のゲイン余裕を求めよ.
$$G_0(s)=\frac{K}{s(s+a)(s+b)}$$

5. PID 制御

メカトロニクスシステムやロボットの制御系を設計する場合,安定性に十分に注意する必要があることを第 4 章で述べた.一般にシステムの環境による変化や経年変化に対応するため,センサ情報を利用したフィードバック制御が用いられる.本章ではコントローラとして最も広く用いられている PID 制御 (proportional-integral-derivative control) について説明する.

目標:PID 制御を構成する比例制御,積分制御,微分制御の働きを理解し,PID 制御系を設計する場合の比例ゲイン,積分ゲイン,微分ゲインが定常特性,速応性,減衰性に与える影響について理解する.

キーワード:フィードバック制御,比例(P)動作,積分(I)動作,微分(D)動作,制御パラメータ調整則

5.1 PID 制御の効果

フィードバック制御系において偏差を $e(t)$,操作量を $u(t)$,目標値を $x(t)$,

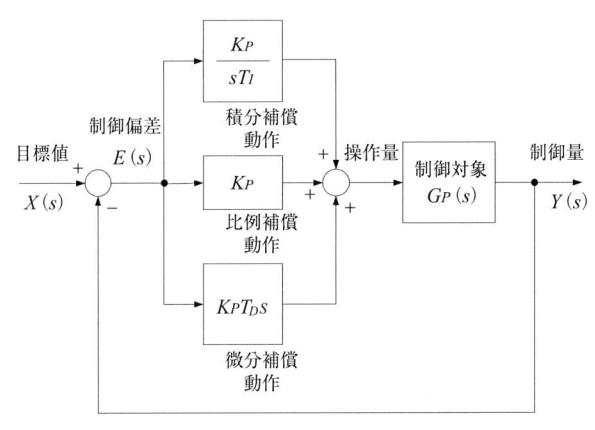

図 5.1 PID 制御システムの構成

制御量を $y(t)$ とする．PID 制御は，現在の偏差に比例した修正動作を行う P 動作，過去の偏差を積分し定常偏差を取り除く I 動作，将来を予測する D 動作から構成される．以下，P 制御，PI 制御，PD 制御，PID 制御について基本特性とその効果を述べる．図 5.1 に PID 制御系の構成を示す．

5.1.1　P 制御

P 制御あるいは比例制御は最も基本的な制御動作であり，偏差に比例した操作量を出力する．比例制御コントローラの伝達関数は

$$C(s) = K_P \tag{5.1}$$

と表される．

一般に P 制御では定常偏差を 0 とすることができない．比例ゲイン K_P を大きくすれば定常偏差を限りなく 0 に近づけることができ，速応性は向上するが，減衰性は低下し，応答は振動的になる．

例えば，サーボモータによる位置決め制御では目標角度 $x(t)$ が与えられ，ポテンショメータやエンコーダなどで検出される回転角度 $y(t)$ がフィードバックされ，その偏差に比例して操作量 $u(t)$ を決定する．いま，操作量をモータの出力トルクとする．回転角度が目標値に達したとき，偏差は 0 となりモータの出力トルクも 0 となるが，制御対象の慣性モーメントが大きい場合には角度は目標値を行き過ぎる．この場合，モータの出力トルクを負として逆方向に回転させて，再び目標値へ向かう．比例ゲイン K_P が大きい場合にはこのような振動を繰り返して定常値へ収束する．定常偏差がなく，さらに行き過ぎ量のない高速位置決め動作を行うためには比例動作のみでは困難であり，積分動作や微分動作を組み合わせる必要がある．

5.1.2　PI 制御

比例制御と組み合わせて行うので PI 制御あるいは PI 補償といい，PI コントローラの伝達関数は次式で表せる．

$$C(s) = K_P\left(1 + \frac{1}{T_I s}\right) = \frac{K_P(1 + T_I s)}{T_I s} \tag{5.2}$$

ここで，T_I は積分時間である．

P 制御を PI 制御にすると開ループ伝達関数が

5.1 PID 制御の効果

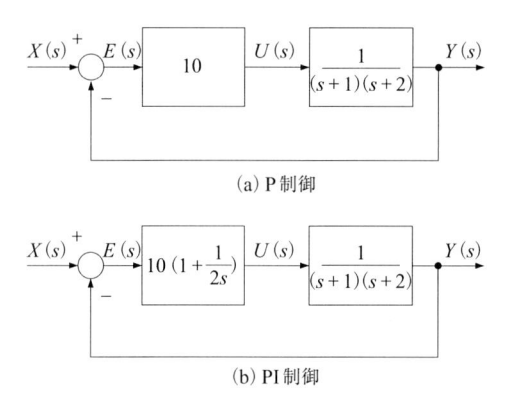

(a) P 制御

(b) PI 制御

図 5.2　P 制御と PI 制御（例題 5.1）

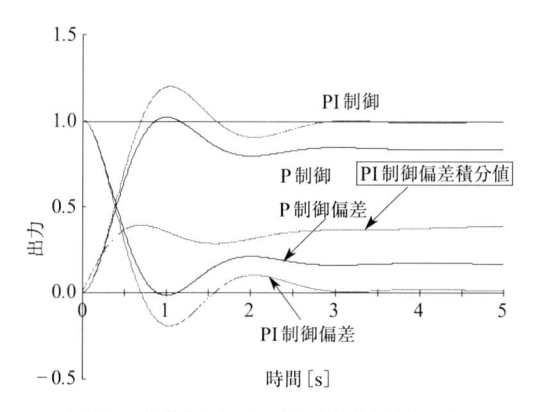

図 5.3　P 制御，PI 制御における制御偏差

$$G_0(s) = \frac{K_P(1+T_I s)G_P(s)}{T_I s} \tag{5.3}$$

と表され，P 制御の場合に比べて制御系の形が1つ増えるので定常特性が改善できる．

ここで，PI 制御により，ステップ入力に対する定常偏差が0とできることを次の例題を用いて確認してみよう．

【例題 5.1】

図 5.2 に示すように伝達関数が $1/(s+1)(s+2)$ で表せる制御対象に P 制御あるいは PI 制御を加えるフィードバック制御系を構成する．P 制御の伝達関数を $C(s)=10$，PI 制御の伝達関数を $C(s)=10(1+1/2s)$ とし，図 5.3 に P 制御および PI 制御による

ステップ応答と制御偏差の時間変化を示す．さらに PI 制御における偏差の積分値を示す．PI 制御では偏差が 0 となっても偏差の積分値が操作量となり，その定常値は一定となる．第 3 章の表 3.1 に示されているように，P 制御の場合には制御系は 0 形であり，ステップ入力 $(1/s)$ に対する定常偏差は 1/6，PI 制御の場合には 1 形となり，定常偏差は 0 となる．

5.1.3 PD 制御

微分制御は単独で用いられることはないが，比例制御と併用し，応答性や減衰性の改善のために使用される．すなわち，目標値への高速応答時に行き過ぎ量を小さくするために，その微分値に比例した制御を行う．

PD 制御の伝達関数は，比例ゲインを K_P，微分時間を T_D として

$$C(s) = K_P(1 + T_D s) \tag{5.4}$$

で表される．PD 制御は後述の位相進み補償効果を持ち，減衰性を向上させる．

5.1.4 PID 制御

PI 制御に微分動作を加えることにより，比例ゲイン K_P および積分ゲイン K_P/T_I を大きくすることができ，速応性を改善することができる．すなわち，積分動作は位相を遅らせるので系を不安定な方向へ持っていきやすいが，微分動作は積分動作による位相遅れを防ぎ，系を安定化させる働きを持つ．

PID 制御の伝達関数は

$$C(s) = K_P\left(1 + \frac{1}{T_I s} + T_D s\right) = K_P + \frac{K_P/T_I}{s} + K_P T_D s \tag{5.5}$$

で表される．また伝達関数は次のように表現でき，

$$C(s) = K_P \frac{T_D T_I s^2 + T_I s + 1}{T_I s} = K_P \frac{(T_1 s + 1)(T_2 s + 1)}{T_I s} \tag{5.6}$$

PID 制御器は第 6 章で述べるゲイン補償と位相進み遅れ補償の性質を持つことがわかる．

5.2 パラメータ調整則

PID 制御を導入する場合，比例ゲイン K_P，積分時間 T_I，微分時間 T_D などを調整する必要がある．例えばステップ応答において，これらのパラメータの

値によって，応答は速いが行き過ぎ量が大きい，あるいは行き過ぎ量は小さいが応答が遅いなど過渡特性が異なる．過渡特性の評価方法については減衰比がよく用いられ，オーバーシュートの振幅減衰比を 1/4 程度に選ぶのが 1 つの目安となっている．ここでは，パラメータ調整法としてジーグラ-ニコルスの限界感度法と過渡応答法を説明する．

5.2.1 限界感度法

比例制御のみで比例ゲイン K_P の大きさを増加させていくと持続振動が起こる．限界感度法では，このときの比例ゲイン K_C と振動周期 T_C を求め，オーバーシュートの減衰比が 1/4 程度となるように各パラメータを調整する．P 制御，PI 制御，PID 制御でのパラメータ調整則を表 5.1 に示す．表から明らかなように D 制御を加えることにより，比例ゲイン K_P を大きくし，積分時間 T_I を小さくできるので速応性が改善される．

【例題 5.2】 伝達関数が $G_p(s)=1/\{(s+1)(s+2)(s+3)\}$ で表される制御対象に PID 制御を加えたフィードバック制御系に限界感度法を適用してみよう．

表 5.1 限界感度法によるパラメータ調整則

制御	K_P	T_I	T_D
P	$0.5\,K_C$	∞	0
PI	$0.45\,K_C$	$T_C/1.2\,(0.83\,T_C)$	0
PID	$0.6\,K_C$	$0.5\,T_C$	$T_C/8\,(0.125\,T_C)$

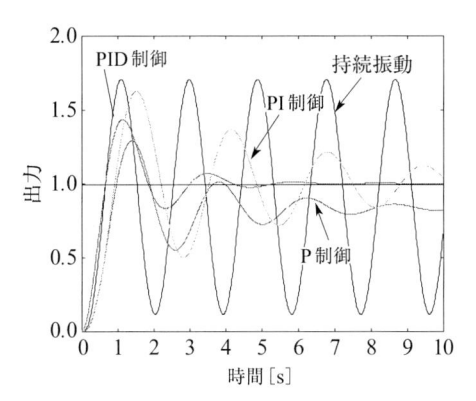

図 5.4 限界感度法による調整結果
例題 5.2 での P 制御，PI 制御，PID 制御によるステップ応答．

持続振動が生じるゲインが $K_C=60$，そのときの周期が $T_C=1.89\,\mathrm{s}$ となり，表 5.1 のパラメータ調整則により求めた比例ゲイン，積分時間，微分時間を用いて P 制御，PI 制御，PID 制御を行った場合のステップ応答を図 5.4 に示す．各制御における伝達関数は次のとおりである．

P 制御 ： $C(s)=30$

PI 制御 ： $C(s)=27\left(1+\dfrac{1}{1.57s}\right)$

PID 制御 ： $C(s)=36\left(1+\dfrac{1}{0.945s}+0.236s\right)$

ステップ応答におけるオーバーシュートの振幅減衰比がほぼ 1/4 となっている．また，比例ゲイン $K_P=30$ の P 制御では定常偏差が大きい．

5.2.2 過渡応答法

図 5.5 は実験などで得られた制御対象 $G_P(s)$ のステップ応答例である．このグラフから，各制御における比例ゲイン，積分時間，微分時間を決める．応答曲線の変曲点を通る接線の傾き R とその接線が時間軸と交わる時刻 L を求める．接線の傾き R は時定数に関係し，L はむだ時間に相当する．限界感度法

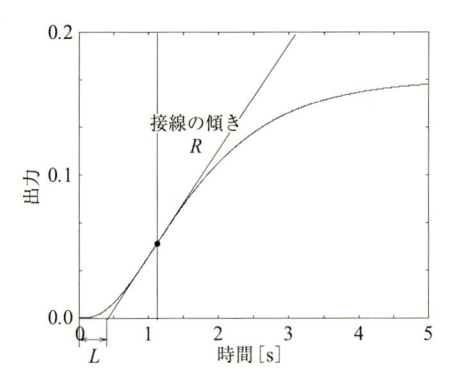

図 5.5 制御対象のステップ応答を利用（過渡応答法）

表 5.2 過渡応答法によるパラメータ調整則

制御	K_P	T_I	T_D
P	$\dfrac{1}{RL}$	∞	0
PI	$\dfrac{0.9}{RL}$	$3.3\,L$	0
PID	$\dfrac{1.2}{RL}$	$2\,L$	$0.5\,L$

と同様にステップ応答のオーバーシュートが 1/4 減衰するように PID 制御系のパラメータを調整した結果が表 5.2 である.

図 5.5 は上述の例題における制御対象 $G_P(s)$ のステップ応答であり,$L=0.44, R=0.075$ の値が得られ,P 制御の比例ゲインの値は $1/RL=30$ となり,限界感度法から求めた値と一致する.

以上をまとめると,比例ゲイン K_P を大きくすると定常偏差,振動周期は小さくなるが,比例ゲインが大き過ぎると制御系は不安定となる.また,積分時間 T_I を小さくする(積分ゲインを大きくする)ことにより定常偏差は小さくなるが,積分時間 T_I を小さくしすぎると安定性が低下する.微分時間 T_D を大きくする(微分ゲインを大きくする)と安定性が改善されるとともに速応性が向上する.ただし,微分動作は高周波数のノイズを増幅するため,ノイズが含まれる制御系では T_D の設定に注意が必要である.通常は,一次遅れ要素と組み合わせた近似微分要素が用いられる.

ジーグラ-ニコルスのパラメータ調整則は,各パラメータの初期設定のための目安を与えるものであり,実際の制御系の動作にあたっては,現場においてより細かなパラメータ調整が必要なことはいうまでもない.また,制御対象の特性が不変の場合には一度調整したパラメータが有効であるが,制御対象の特性が未知の場合や変化する場合には,第 8 章で述べる,より高度な制御手法を導入する必要がある.

まとめ

PID 制御は,制御偏差に比例した修正動作を行う比例動作を基本とし,積分動作を加えることにより,定常特性を改善でき,例えばステップ入力に対する定常偏差が除去できる.さらに微分動作を加えることにより,比例ゲインおよび積分ゲインを大きくすることができ,速応性を改善することができる.

PID 制御系の設計を行う場合に,目安となるパラメータを与えるのがジーグラ-ニコルスの限界感度法と過渡応答法であり,振幅減衰比を 1/4 程度とする動作ゲインを求めることができる.

5. PID制御

◆ 演習問題

5.1 $G_P(s) = Ke^{-Ls}/(1+Ts)$ の一次遅れ要素とむだ時間要素を持つ制御系においてP動作のみで制御し，比例ゲインをあげていくと持続振動が発生する．
(1) 持続振動が起こるとき，どのような式が成り立つか．
(2) $K=1, T=50, L=20$ のとき，どのような角周波数で持続振動が起こるか．
(3) 持続振動が起こるときの比例ゲイン K_C とそのときの振動周期 T_C を求めよ．
(4) ジーグラ-ニコルスの限界感度法により，P制御，PI制御，PID制御の各パラメータを求めよ．

5.2 図5.2に示すP制御，PI制御によるフィードバック制御系について，以下の問いに答えよ．
(1) P制御の場合の偏差 $e(t)$ と操作量 $u(t)$ について，定常状態における値を求めよ．
(2) PI制御を行った場合の偏差 $e(t)$ と操作量 $u(t)$ について，定常状態における値を求めよ．

6.
制御系の特性補償

　一般の制御系では制御対象に大きな変更を加えることが困難な場合が多く，出力応答が遅い，振動的であるなど，種々の問題を解決する必要に迫られる．一般的に安定性の改善，速応性の改善など，制御特性の補償を制御対象の前段に制御器を直列に設けて行うことが多い．本章では，直列補償法としてゲイン補償，位相進み補償，位相遅れ補償，位相進み遅れ補償について説明する．さらに補償要素を制御対象に並列に設け，減衰性などの改善を図るフィードバック補償について述べる．図6.1にこれらの補償要素を加えた制御系を示す．

　目標：ゲイン補償，位相進み補償，位相遅れ補償，位相進み遅れ補償，およびフィードバック補償について理解し，簡単な位相補償器を設計できるようになる．

　キーワード：ゲイン補償，位相進み補償，位相遅れ補償，位相進み遅れ補償，フィードバック補償

(a) フィードバック制御系

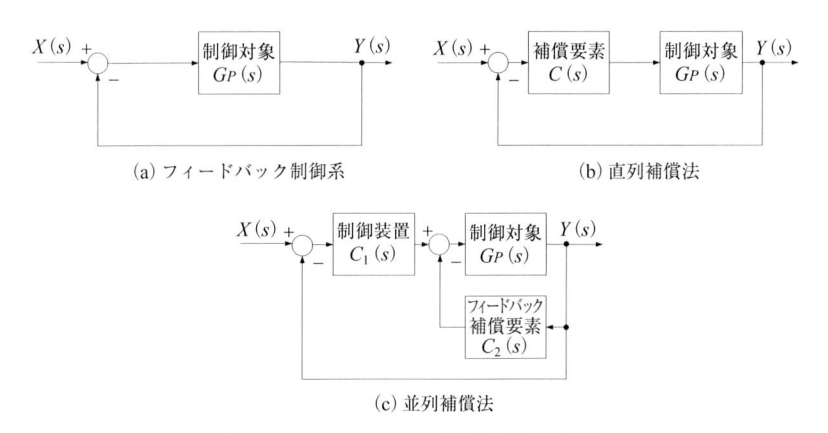

(b) 直列補償法

(c) 並列補償法

図 6.1 フィードバック制御系の特性補償

6. 制御系の特性補償

6.1 特性補償

6.1.1 安定性の指標

フィードバック制御系は安定であることが第一に求められ，安定性の度合いは，第4章の4.3節で示したようにボード線図やベクトル軌跡におけるゲイン余裕，位相余裕がその指標となる．一般に追従制御では位相余裕を40〜60°，ゲイン余裕は10〜20 dB，定値制御では位相余裕が20°以上，ゲイン余裕は3〜10 dBがよいとされる．また，閉ループ制御系の周波数特性においてゲインにピークが現れる場合，最大ゲインM_P（ピーク値）が減衰性の指標に用いられ，$1.1<M_P<1.5$に設定するのがよいとされ，目安として1.3を選ぶことが多い．

6.1.2 速応性

第3章で述べたように速応性の指標として次のようなものがあげられる．
ⅰ）過渡応答
フィードバック制御系におけるステップ応答の立ち上がり時間，整定時間，遅れ時間，行き過ぎ時間などが指標となる．
ⅱ）周波数応答
閉ループ制御系の追従範囲を与える帯域幅（バンド幅）やゲインがM_Pとなるピーク周波数（共振周波数）が速応性の指標となる．

6.2 直列補償

6.2.1 ゲイン補償

制御対象の前に一定値のゲインを挿入したとき，ボード線図において位相曲線は変化せず，ゲイン曲線のみ上下に平行移動する．すなわち，図6.2に示すようにゲインを下げると補償後のゲイン交差周波数が低くなり，位相余裕，ゲイン余裕ともに増加する．このようにゲインを小さくすると制御系の安定性は

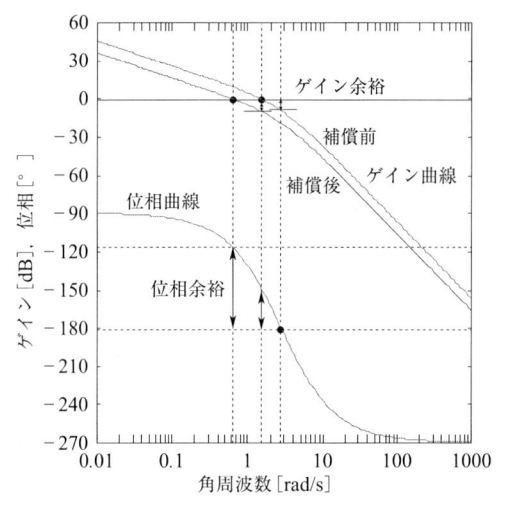

図 6.2 ゲイン補償とゲイン余裕, 位相余裕

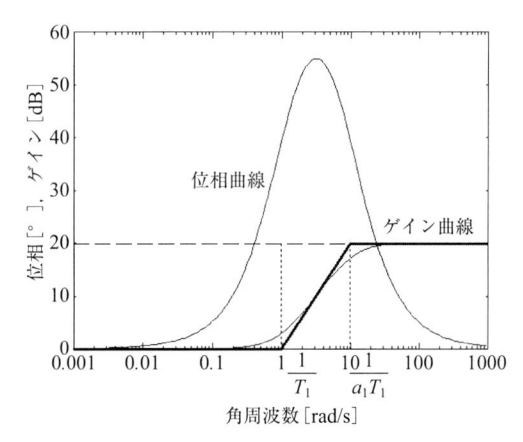

図 6.3 位相進み補償要素のボード線図 ($T_1=1s, a_1=0.1$ の場合)

向上するが，閉ループ制御系の帯域幅は低下し，速応性は低下する．またステップ応答の立ち上がり時間も大きくなる．

6.2.2 位相進み補償

位相進み補償は位相余裕を大きくすることにより，制御系の安定性を向上させるために用いられる．例えば，ハードディスクやコンパクトディスクなどのスピンドルモータ，レンズのフォーカス，トラッキング制御系などでゲイン余

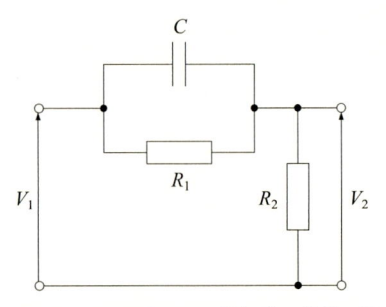

図 6.4 CR 回路による位相進み補償回路

裕を大きくすることにより,高ゲイン制御を実現して広い帯域幅を確保するために用いられる.ただし,位相進み補償要素はハイパスフィルタの特性を持つため,雑音の影響を受けやすくなる.

位相進み補償要素の伝達関数は次式のように与えられ,

$$C_1(s) = \frac{T_1 s + 1}{a_1 T_1 s + 1} \quad (0 < a_1 < 1) \tag{6.1}$$

$T_1=1$ [s], $a_1=0.1$ の場合の周波数特性を図 6.3 に示す.角周波数が $1/T_1 < \omega < 1/a_1 T_1$ の範囲で大きく位相を進めることができる.ゲインは $\omega < 1/T_1$ の低周波数域では 0 dB に漸近し,$\omega > 1/a_1 T_1$ の高周波数域では $20 \log_{10}(1/a_1)$ [dB] だけ上がる.

最大位相進み角 φ_m を与える角周波数 ω_m は,

$$\omega_m = \frac{1}{\sqrt{a_1} T_1} \tag{6.2}$$

となり,このときのゲインは

$$20 \log_{10} |C_1(j\omega_m)| = 20 \log_{10}(1/\sqrt{a_1}) \tag{6.3}$$

となる.ここで,φ_m は

$$\sin \varphi_m = \frac{1-a_1}{1+a_1} \tag{6.4}$$

から計算できる.上式から次式が成り立つ.

$$a_1 = \frac{1-\sin \varphi_m}{1+\sin \varphi_m} \tag{6.5}$$

位相進み補償要素は,例えば図 6.4 に示す CR 回路で構成でき,その伝達関数は

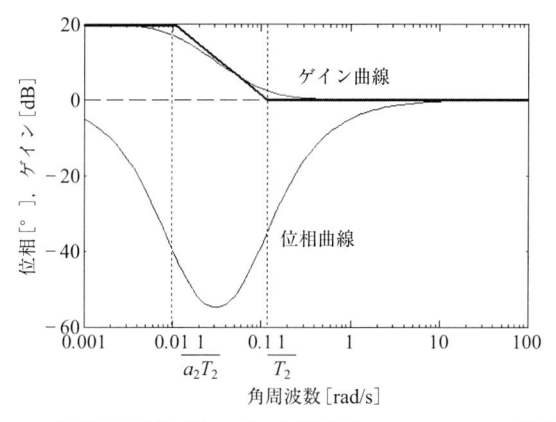

図 6.5 位相遅れ補償要素のボード線図（$T_2=10s, a_2=10$ の場合）

$$G_1(s) = \frac{R_2}{R_1+R_2} \cdot \frac{R_1Cs+1}{\dfrac{R_2}{R_1+R_2}R_1Cs+1} \qquad (6.6)$$

となり，$C_1(s) = \dfrac{R_1+R_2}{R_2} G_1(s)$ で与えられる．

6.2.3 位相遅れ補償

位相遅れ補償は低周波数域でのゲインを大きくし，定常特性を改善するために用いられる．位相遅れ補償要素の伝達関数は次のように表され，

$$C_2(s) = \frac{a_2(T_2s+1)}{a_2T_2s+1} \quad (a_2>1) \qquad (6.7)$$

$T_2=10\,[\text{s}]$，$a_2=10$ とした場合，図 6.5 に示すようにゲインを $\omega<1/a_2T_2$ の低周波数域で $20\log_{10}a_2$ だけ上げることができる．一方，角周波数 $1/a_2T_2<\omega<1/T_2$ の範囲で位相は遅れるので，位相余裕に影響しないように T_2 を大きく設定する必要がある．

6.2.4 位相進み遅れ補償

位相進み補償は位相余裕を増加させて制御系の安定性を改善するために用いられる．位相遅れ補償は低周波数域でのゲインを大きくして定常特性を改善するために用いられる．

次式に示す位相進み遅れ補償要素の伝達関数

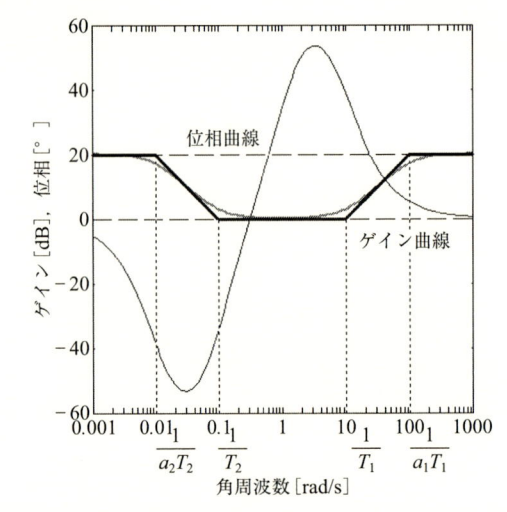

図 6.6 位相進み遅れ補償要素のボード線図（$T_1=1s, a_1=0.1, T_2=10s, a_2=10$ の場合）

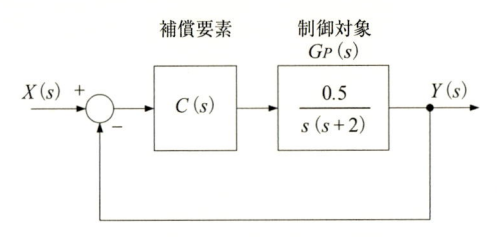

図 6.7 直列補償要素の設計（例題 6.1）

$$C(s) = C_1(s)C_2(s) = \frac{T_1 s + 1}{a_1 T_1 s + 1} \frac{a_2(T_2 s + 1)}{a_2 T_2 s + 1} \tag{6.8}$$

のボード線図は図 6.6 のようになる．ここで $a_1=0.1$, $T_1=0.1$ [s], $a_2=10$, $T_2=10$ [s] としている．

【例題 6.1】 直列補償要素の設計に関して，図 6.7 に示すフィードバック制御系について考えてみよう．制御対象の伝達関数を次式とする．

$$G_P(s) = \frac{0.5}{s(s+2)} \tag{6.9}$$

a. ゲイン補償

位相余裕 $\theta_m = 50°$ を目標としてゲイン K を調整する．

$$\begin{aligned} &\angle KG_P(j\omega_C) + 180° = 50° \\ &|KG_P(j\omega_C)| = 1 \end{aligned} \tag{6.10}$$

6.2 直列補償

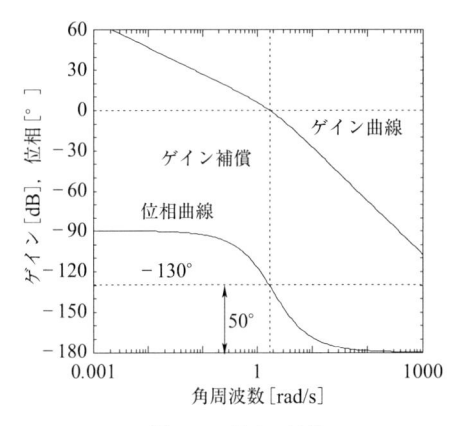

図 6.8 ゲイン補償

より，$K=8.8$，$\omega_C=1.68$ rad/s，$\theta_m=50°$ が得られる．$KG_P(s)$ のボード線図を図 6.8 に示す．

b. ゲイン・位相進み補償

位相進み補償を加えることにより，ゲイン交差周波数付近の位相を進めることができるのでゲイン補償だけの場合より大きなゲインを設定することができる．例えば $\omega_C=3.52$ rad/s とし，式 (6.10) を用いて K を決めると

$$K=28.5, \quad \theta_m=29.6°$$

が得られる．位相余裕を $50°$ とするためには，位相進み量は $50-29.6=20.4°$ であるが，位相進み補償要素には高周波数域におけるゲイン増加のため，ω が右にずれることを考慮してさらに $4.1°$ 加算し，位相進み補償要素による最大位相進み角を $20.4+4.1=24.5°$ とする．したがって，式 (6.5) より，

$$a_1=\frac{1-\sin 24.5°}{1+\sin 24.5°}=0.4137 \tag{6.11}$$

が得られ，最大位相進み角でのゲインが

$$20\log_{10}|KC_1(j\omega)|=20\log_{10}\frac{1}{\sqrt{a_1}}=3.833 \text{ dB}$$

だけ増加することを考慮して

$$20\log_{10}|KG_P(j\omega)|=-3.833 \text{ dB} \tag{6.12}$$

を満足する角周波数 ω_m を求める．このとき，ω_m が新たな ω_C となる．$\omega_m=4.50$ rad/s が求まり，式 (6.2) より

$$T_1=\frac{1}{\omega_m\sqrt{a_1}}=0.345 \tag{6.13}$$

を得る．以上から補償器の伝達関数は

$$C_1(s)=\frac{T_1s+1}{a_1T_1s+1}=\frac{0.345s+1}{0.143s+1} \tag{6.14}$$

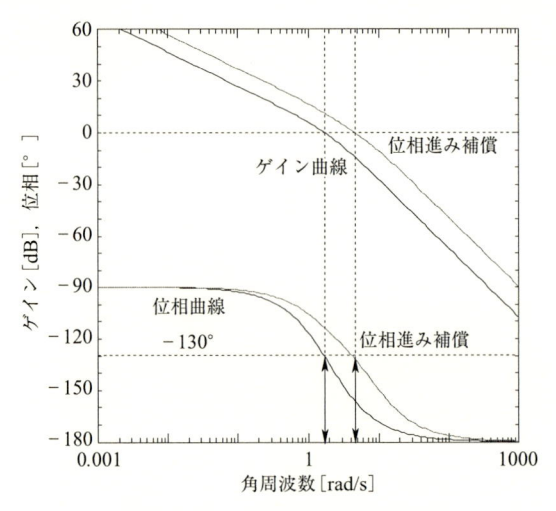

図 6.9 ゲイン補償・位相進み補償

と設計される．$KC_1(s)G_P(s)$ のボード線図を図 6.9 に示す．この結果，
$$\omega_C = 4.50 \text{ rad/s}, \quad \theta_m = 48.4°$$
となる．

c. ゲイン・位相進み遅れ補償

さらに定常特性を改善するために位相遅れ補償を追加する．この制御系の形は 1 形であり，定常位置偏差は 0 となるので，定常速度偏差を 1/5 に抑えるために式 (6.7) において $a_2 = 5$ とし，$C_2(s)$ による位相遅れが ω_C での位相に影響を与えないように $T_2 = 15 [\text{s}]$ とする．この補償要素の伝達関数は次のようになる．

$$C_2(s) = \frac{a_2(T_2 s + 1)}{a_2 T_2 s + 1} = \frac{5(15 s + 1)}{75 s + 1} \tag{6.15}$$

$KC_1(s)C_2(s)G_P(s)$ のボード線図を図 6.10 に示す．このとき，
$$\omega_C = 4.50 \text{ rad/s}, \quad \theta_m = 47.8°$$
となり，位相遅れ補償器が ω_C での位相にほとんど影響を与えないことがわかる．

前述の a，b，c 項で設計した補償要素を加えた制御系のステップ応答を図 6.11 に示す．ゲイン補償のみでは減衰性が不十分であるが，位相進み補償により減衰性が改善されている．また，位相遅れ補償の追加による過渡特性の劣化はほとんど認められないことがわかる．

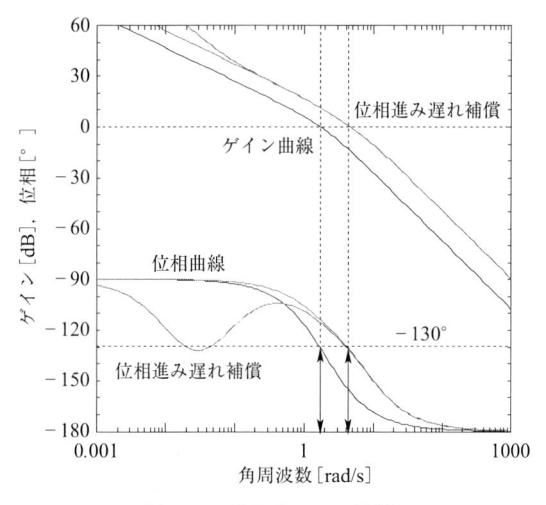

図 6.10 位相進み遅れ補償

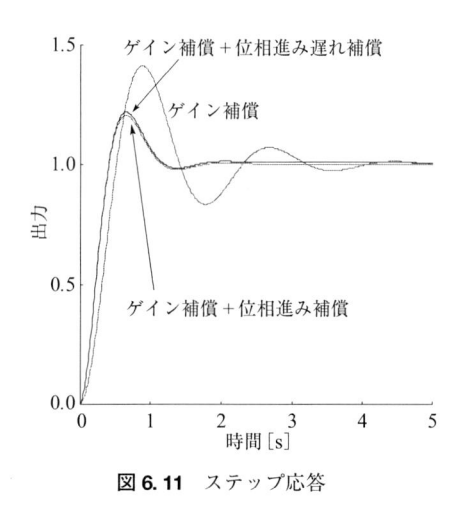

図 6.11 ステップ応答

6.3　フィードバック補償要素

　図 6.12 の制御系に補償要素を並列に加えることにより所望の制御特性とすることができる．直結フィードバックによる閉ループ伝達関数は

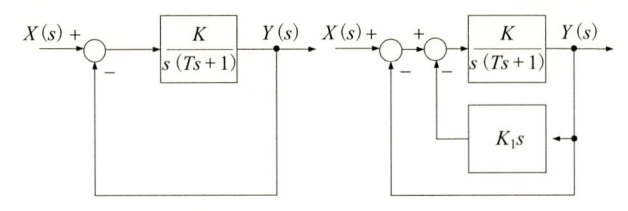

図 6.12 フィードバック補償

$$W(s) = \frac{\dfrac{K}{T}}{s^2 + \dfrac{1}{T}s + \dfrac{K}{T}} \quad (6.16)$$

で与えられ，制御量の微分量 $K_1 sY(s)$ をフィードバックした場合の閉ループ伝達関数は

$$W(s) = \frac{\dfrac{K}{T}}{s^2 + \dfrac{1+KK_1}{T}s + \dfrac{K}{T}} \quad (6.17)$$

で表される．これら2つの伝達関数を二次遅れ形式の標準形で比較すると，固有振動数 ω_n と減衰係数 ζ はそれぞれ

$$\begin{aligned}
\omega_{n1} &= \sqrt{\frac{K}{T}}, \quad \zeta_1 = \frac{1}{2\sqrt{KT}} \\
\omega_{n2} &= \sqrt{\frac{K}{T}}, \quad \zeta_2 = \frac{1}{2\sqrt{KT}}(1+KK_1)
\end{aligned} \quad (6.18)$$

となる．$K_1 s$ のフィードバック要素により，固有振動数は等しく，減衰係数の大きさは $(1+KK_1)$ 倍となる．このように局所的なフィードバック補償により制御系の特性を改善することができ，この例では減衰性を高めることができる．このような補償は機械系の制御ではよく用いられ，例えばサーボモータによる回転角制御では制御量は角度であり，局所フィードバック補償 $K_1 s$ はその微分量である角速度をフィードバックすることに相当し，速度フィードバック補償と呼ばれる．

まとめ

制御特性の補償を制御対象の前段に直列に設けて行う直列補償と制御対象に並列に設けるフィードバック補償について，例題を用いてその効果を説明し

た．ゲインを小さくすると補償後のゲイン交差周波数が低くなり，位相余裕，ゲイン余裕ともに増加し，制御系の安定性は向上するが，閉ループ制御系の帯域幅は低下し，速応性は低下する．ゲイン補償のみでは実現できない制御特性を以下の補償器で補償する．位相進み補償は位相余裕を大きくすることにより，制御系の安定性を向上させる．位相遅れ補償は低周波数域でのゲインを大きくし，定常特性を改善する．また，フィードバック補償により制御系の減衰性を高めることができる．

◆ 演習問題

6.1 以下の伝達関数を直結フィードバック制御するときの減衰係数および固有振動数を求めよ．
$$G_P(s) = \frac{10}{s(s+2)}$$
さらに局所フィードバック補償要素として $K_1 s$ を挿入し，減衰係数を 0.70 としたい．K_1 をいくらにすればよいか．

6.2 以下の伝達関数を図 6.4 に示す CR 回路で実現したい．
$$G_1(s) = \frac{1}{10} \cdot \frac{s+1}{0.1s+1} = \frac{1}{10} \cdot C_1(s)$$
$R_1 = 90 \text{ k}\Omega$ として，以下の問いに答えよ．
(1) C および R_2 を定めよ．
(2) 位相進み補償要素 $C_1(s)$ のボード線図を示せ．
(3) 折点角周波数を求めよ．
(4) 最大位相進み角が得られる角周波数と最大位相進み角を求めよ．

6.3 式 (6.7) の位相遅れ補償要素について，以下の問いに答えよ．
(1) 最大位相遅れ角を与える角周波数 ω_m が次式で表されることを示せ．
$$\omega_m = \frac{1}{\sqrt{a_2 T_2}}$$
(2) 最大位相遅れ角を φ_m とするとき，次式が成り立つことを示せ．
$$a_2 = \frac{1+\sin \varphi_m}{1-\sin \varphi_m}$$
(3) 角周波数 ω_m のときのゲイン g_m が次式で表されることを示せ．
$$g_m = 20 \log_{10} |C_2(j\omega_m)| = 20 \log_{10} \sqrt{a_2}$$
(4) 次の位相遅れ補償要素について φ_m, ω_m, g_m を求めよ．
$$C_2(s) = 5 \cdot \frac{15s+1}{75s+1}$$
(5) さらに補償要素 $C_2(s)$ のボード線図を描き，φ_m, ω_m, g_m を確認せよ．

7.
制御理論の応用事例

　PID制御を基本とするフィードバック制御系は種々の電子情報機器や自動車，新幹線，航空・宇宙機器などの輸送機器，工作機械や産業用ロボットなどの産業機械，石油精製やセメントなどの化学プラントなどに用いられ，それぞれのシステムや生産される製品の高機能化，知能化，信頼性，安全性，高品質化などに必須のものとなっている．
　目標：産業用ロボット，電子情報機器，自動車，新幹線，航空機などに採用されている最新の制御システムとPID制御，PI制御の応用事例を学ぶ．
　キーワード：産業ロボット，電子情報機器，自動車，新幹線，航空機

7.1　産業用ロボット

　産業用ロボットをはじめ，工作機械などでも生産性向上のために"高速・高加速での軸駆動"の実現，"位置決めに要する時間の短縮のためのサーボシステムの高ゲイン化"が進められている．この結果，機械共振による振動が発生し，その共振周波数は機械の個体差にとどまらず，ワークの重量や剛性にも依存する．
　産業用ロボットの要素技術の進歩は著しいが，さらなる高性能化への要望は非常に強く，画像処理装置（ロボットビジョン）と組み合わせたリアルタイムの位置決めや位置補正などが可能となり，ティーチングレス（教示なし）によるワークのハンドリング，コンベア上を流れる製品のハンドリングの高速化を実現した．ロボットの最大性能を引き出すためには，ロボットの動作位置，姿勢，負荷条件に合わせた最適な制御パラメータを自動的にチューニングする必要がある．近年これらはリアルタイムに変更できるようになり，軌道精度や制振性の向上が実現している．
　ロボット大賞2007において経済産業大臣賞を受賞したファナック株式会社のM-430iAのビジュアルトラッキングによる高速ハンドリングシステムを紹

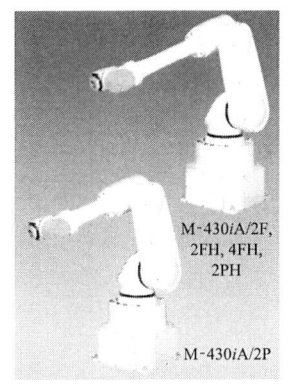

(a) 産業用ロボット M-430iA　　(b) 高速ハンドリングシステム

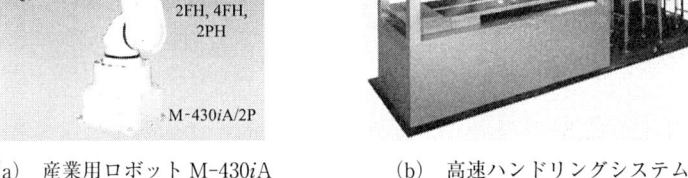

図 7.1 M-430iA によるコンベアトラッキングシステム

介する．図7.1にM-430iAのコンベアトラッキングシステムを示す．食品・医薬品・化粧品などの製造現場では1分間に200個の大量の製品搬送能力が求められており，M-430iAは1台で120個/分の搬送処理能力を備え，最大4 kgの可搬重量を持つ垂直多関節ロボットである．ロボットビジョンの高性能化により，ターゲットとなる製品の位置座標をリアルタイムにカメラ座標系からロボット座標系に変換でき，マニピュレータの位置決め制御系の高精度化と高速化を実現している[1]．

　大型の産業用ロボットやサーボプレスなどの産業機械を制御する高速のパワーモーションコントローラにおいては，機械共振を回避し，安定性を実現するために基本各軸にモータを2機ずつ装備したデュアルドライブトルクタンデム制御システムを採用している．図7.2に，速度制御に加えて1機あたりのモータ負荷を分散・軽減させるためのトルクの分担指令を含めた電流制御機能を持つタンデム制振制御装置の構成を示す．被駆動体を2台のサーボモータで駆動するタンデム駆動では，機構部の持つばね系や摩擦系により2つのモータ間にねじれや振動が生じたり，両駆動軸間で干渉が起きたりして，高速応答に対応できないという問題があった．これを2つのモータの速度フィードバックにより，伝達機構の機械的特性による相互干渉を抑制するように電流指令を補正し，高いループゲインの設定を可能にし，高速駆動を可能にした．また，位相進み補償要素を用いて，電流制御器による遅れや検出系の遅れによって生じる

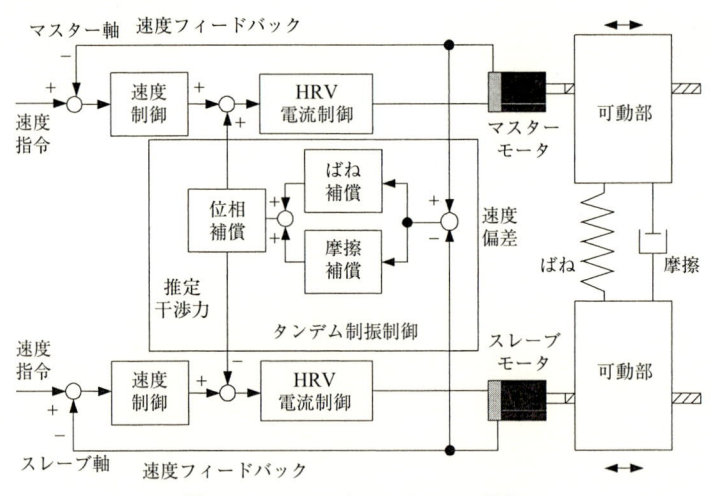

図 7.2 デュアルトルクタンデム制御

補正の遅れを補償している[2)].

7.2　情報電子機器

　CD や DVD などの光学スポットの位置決め制御において制御対象となるのはスピンドルモータ，送りモータ，フォーカシングサーボアクチュエータとトラッキングサーボアクチュエータである．例えば CD の光ピックアップは，図 7.3 に示すようにフォーカス方向（図において紙面に垂直方向）とトラック方向（図において左右方向）の 2 方向に運動の自由度を持つ駆動コイルに対物レンズを取り付けた構造を持つ．このヒンジ機構を持つ構造物の振動の周波数特性から，数十 Hz のところに一次共振，1～2 kHz 付近に二次共振を持ち，制御帯域に二次共振が含まれる．情報の書き込み，読み取りの高速化への要求を満たすため，2 方向のディスクの動きによる誤差信号にレンズを高速・高精度で追従させる必要があり，いずれのサーボ系についても 500～700 以上の高いループゲインが要求される．

　制御対象のフォーカシングサーボ系の動特性が以下の二次遅れ標準形で表せる場合について

$$G_P(s) = \frac{K\omega_n^2}{s^2 + 2\zeta\omega_n s + \omega_n^2}$$

図 7.3 CD ピックアップのフォーカス,トラッキング制御系

(a) フォーカシングサーボ系

(b) 位相進み補償要素

(c) 位相進み補償器のボード線図

(d) 補償後の開ループ特性と閉ループ特性

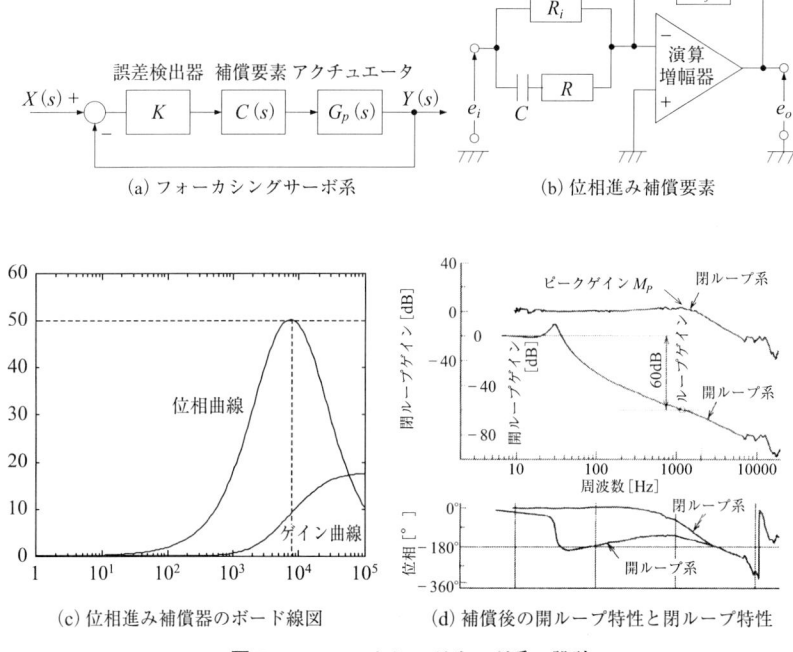

図 7.4 フォーカシングサーボ系の設計

(1) ループゲイン 60 dB,(2) 位相余裕 45° 以上,(3) 帯域幅 2 kHz 以上を実現するために背戸ら[3]が設計した図 7.4(a),(b),(c) に示す位相進み補償について説明する.補償要素の伝達関数は次式で表される.

$$C(s) = K_C \frac{a_1 T_1 s + 1}{T_1 s + 1} \tag{7.1}$$

$$K_C = \frac{R_f}{R_i}, \quad T_1 = CR, \quad a_1 = 1 + \frac{R_i}{R} > 1 \qquad (7.2)$$

ここで $\omega_m = 1200 \times 2\pi$ rad/s のときの最大位相進み角を $\varphi_m = 50°$ とすると，式 (6.5) と式 (6.2) から $a_1 = 7.6, T_1 = 4.81 \times 10^{-5}$s が得られる．位相進み補償器挿入後の開ループ特性と閉ループ特性のボード線図を図7.4(d)に示す．60 dB のループゲインを与えたときの閉ループ系の周波数特性から明らかなように帯域幅 2 kHz が確保され，共振ピーク値も $M_P = 1.1$ 程度で広帯域にわたる安定で高剛性なサーボ系が実現されている．

7.3　自動車

　自動車における制御システムとしてはカーナビゲーションや自動料金収受システム，安全運転支援システムなどの ITS（intelligent transport system）が注目され，運転者の安全運転を支援している．一方，排気ガス浄化や燃費向上など，環境問題やエネルギー問題への自動車産業の対応は地球レベルでの大きなテーマであり，エンジン制御システム技術の担う役割は大きい．

　自動車制御技術の中心となるのは，エンジンを最適状態で動作させるための燃料噴射制御，空燃比制御，点火時期制御，アイドル回転数制御などのエンジン制御システムである．また，変速比制御，ブレーキ制御，車両安定化制御，サスペンション制御，車間距離制御などの動力伝達系の制御システムにより，自動車の基本性能である「走る」，「曲がる」，「止まる」という動作の電子制御を実現している．

　表7.1に，鷲野[4]によりまとめられた自動車における制御システムを示す．制御の名称とともにその目的と制御対象，制御量，操作量，使用されるセンサとアクチュエータについて，実用化されている制御理論のなかでも開ループ制御，PI 制御を中心に抜粋した．ここでは，応用事例として空燃比制御システムと車間距離制御システムについて説明する．

7.3.1　空燃比制御[4]

　一般に理論空燃比前後では燃焼が速く，火炎の温度が高くなることにより出力が大きくなり，燃費も良くなる．排気管中の触媒で一酸化炭素，窒素化合

表 7.1 自動車の制御システム[4]

制御の名称	目的	制御量	操作量	制御対象	制御理論	センサ・アクチュエータ
空燃比制御	空燃比変動を設定範囲内に入れ、排ガスを浄化	空燃比	燃料噴射量	エンジン	PIリレー制御	O_2センサ インジェクタ
点火時期制御	異常燃焼制御と最大トルクを引き出す	点火時期	コイル一次電流遮断時期	エンジン	PI制御 開ループ	クランク角センサ 筒内圧センサ ノックセンサ
アイドル回転数制御	所定回転数の維持、回転数の安定化	アイドル回転数	バイパス空気量	エンジン	PI制御	回転数センサ バイパスソレノイド
変速比制御	最適変速比に設定	変速比	油圧制御バルブ電流	有段変速機 無段変速機	開ループ	車速センサ 吸気管圧力 油圧制御バルブ
4WD制御 (4輪駆動)	最適前後輪トルク伝達比に設定	前後輪トルク伝達比	油圧制御バルブ電流	動力伝達系	開ループ	回転数 舵角センサ
定速走行制御	設定車速を維持	車速	スロットル 空気流量	エンジン	PI制御	車速センサ スロットル・アクチュエータ
トラクション制御	最適スリップ率を保持し、ロックをなくす	車輪スリップ率	スロットル 空気流量	エンジン	PI制御	車速センサ スロットル・アクチュエータ
4WS制御 (4輪駆動)	最適前後輪舵角を設定	前後輪舵角	ステッピングモータ回転角	ステアリング	PI制御 開ループ	車速センサ 転舵比センサ ステッピングモータ
ABS制御	最適スリップ率を保持し、ロックをなくす	車輪スリップ率	油圧制御バルブ電流	ブレーキ	PI制御	車速センサ 油圧制御バルブ
車両安定化制御	カーブでの走行時車両の安定性確保	車両安定度	油圧制御バルブ電流	ブレーキ・タイヤ	PI制御	車速センサ 油圧制御バルブ
車間距離制御	車間距離を保持し、衝突を防止する	車間距離	スロットル空気流量 油圧制御バルブ電流	車両系	PI制御	車間距離センサ 油圧制御バルブ

物，未燃焼の炭化水素を反応させ，無害化する．図7.5に高精度で空燃比を制御するエンジン制御システムを示す．燃料を噴射するインジェクタ，空気流量を計測する空気流量センサ，電子制御ユニット(ECU)，排気管中の酸素濃度を検出する酸素センサ(O_2センサ)で構成される．

　一般に自動車の制御ではフィードフォワードの役割が非常に大きい．これは自動車では制御動作範囲が広いこと，高い応答性が要求されること，およびセンサ異常時にフェイルセーフが強く求められることによる．エンジン制御においても遅れ要素が多いため，制御装置のゲインを大きくすることで速応性を高めることは困難であり，特に空燃比を常に理論空燃比付近の狭い範囲（ウィンドウ）で制御することは不可能である．したがって空気流量センサで計測されるエンジンへの吸入空気量をエンジン回転数で割算して空気重量を求め，基本燃料噴射量を算出し，これをインジェクタから噴射して理論空燃比に近い空燃比でまず燃焼させる．次に酸素センサにより排気管中の酸素濃度を検出し，酸

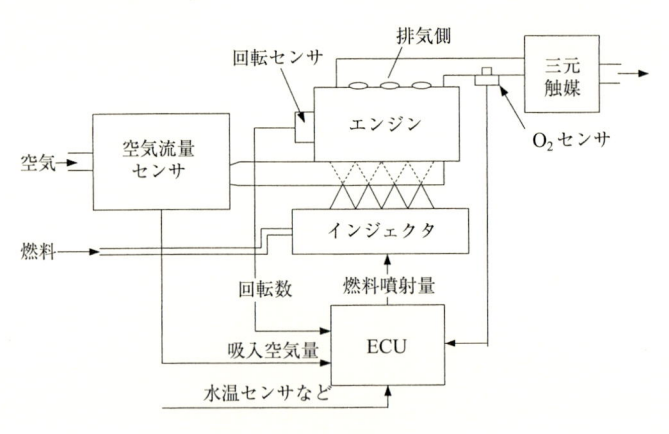

図7.5 空燃比制御システム

素センサ，制御ユニット，インジェクタで構成されるフィードバック制御系で空燃比の高精度制御を行う．このように閉ループ制御で制御ゲインを大きくできない部分を開ループ制御で補っている．最近では酸素分圧を測定できる酸素センサが開発され，空燃比フィードバック制御が可能となってきた．

7.3.2 車間距離制御

交通の円滑化と安全性の向上を目的としたITSの充実は，道路を含めた環境の知能化と安全自動車（ASV：advanced safety vehicle）の開発に支えられている．

衝突防止につながる車間距離制御システムはACC（adaptive cruise control）あるいはIHCC（intelligent highway cruise control）と呼ばれる．車両前方に設けられたミリ波レーダやレーザレーダにより先行車両までの距離と相対速度を監視し，スロットル制御，ブレーキ制御を行い，車速および車間距離の制御を行う．制御量は車間距離，操作量はスロットル空気流量および油圧制御バルブ電流である．システム構成を図7.6に示す．図に示すように現在の車間距離をd，目標車間距離をd^*，自動車の速度をV，先行車の速度をV_Pとするとき，制御入力である駆動力fは車間距離に対するゲインをK_d，速度差に対するゲインをK_Vとして次式で与えられる．

$$f = -K_d(d^*-d) - K_V(V-V_P) \tag{7.3}$$

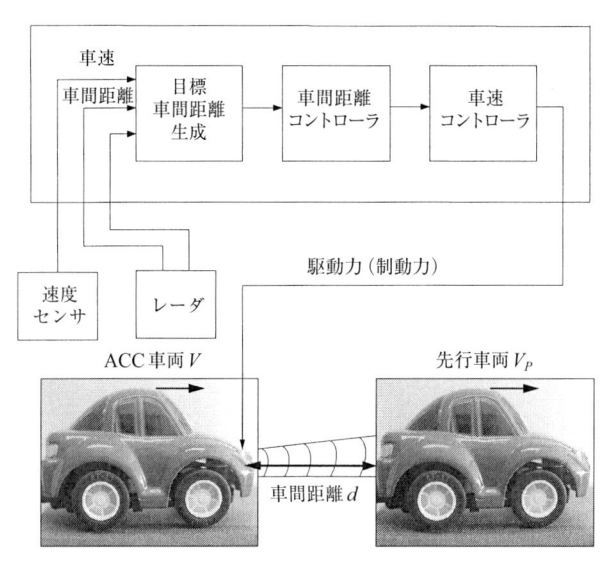

図 7.6 車間距離制御システム

目標車間距離は，停止時の安全車間距離 d_0 と車間距離を速度で除した値 t_{hw} を用いて

$$d^* = t_{hw} V_P + d_0 \tag{7.4}$$

と設定するのが一般的である．上記の制御では目標車間距離に対して定常偏差を生じるので，車間距離の偏差の積分制御を加える必要がある．

7.4 新幹線

車両の高速化により，車両の振動は増加する．車両の走行安全性と安定性だけでなく，沿線の騒音・振動，さらに乗客の乗り心地など，さまざまな点を考慮した技術開発が必要となる．

振動に対する人間の感じやすさには周波数依存性があり，左右方向で 2 Hz 以下，上下方向には 4〜8 Hz の振動に感じやすく，これらの周波数帯の振動を抑えることが乗り心地向上の鍵となる．日本はヨーロッパに比べ，地盤が弱く，曲線軌道も多いため，早くから上下方向よりも左右方向振動の低減対策が

進められてきた．特にトンネル内を高速走行する場合，列車側面下部の空気の流れの乱れにより発生する空気力は速度とともに増大し，従来からのパッシブサスペンションのばねの硬さ・やわらかさの変更だけでは解決できず，セミアクティブサスペンション，フルアクティブサスペンションが利用されている[5]．図7.7に左右方向振動制御システムの構成を示す[6]．

セミアクティブサスペンションでは車体の振動を加速度センサで測定し，車体に加えるべき制振力を制御装置で計算し，電流値により減衰力が調整できる可変減衰ダンパを用いる．一方，フルアクティブサスペンション方式では，これらの減衰力を空気圧アクチュエータ，電動アクチュエータなどで発生させ，レールに対して垂直な方向に車体を振動させる．図7.8は空気圧アクチュエータによるフルアクティブサスペンションシステムである[7]．セミアクティブサスペンションに比べ，アクチュエータを使用するフルアクティブサスペンションのほうが制振性能が高い．表7.2にセミアクティブサスペンションおよびフルアクティブサスペンションを搭載している新幹線車両を示す．図7.9に示すJR東日本のE2系新幹線では，車両編成の中で相対的に揺れの大きい先頭車両にアクティブサスペンション制御システムが搭載されている．さらに現在，上下振動制御装置の開発も進められている．

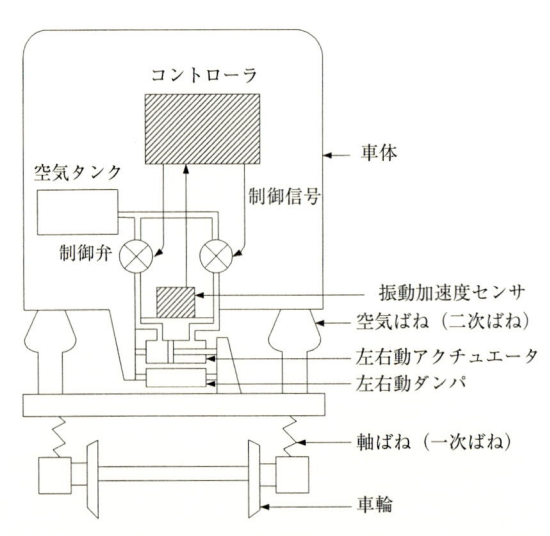

図7.7 左右の振動制御システム

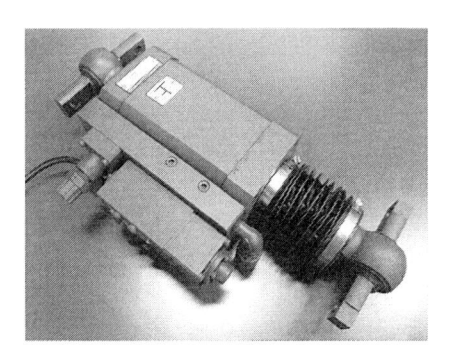

図7.8 フルアクティブサスペンションシステム

図7.9 E2系新幹線車両

表7.2 左右振動制御装置を搭載した新幹線車両[5]

車両形式	所有会社	セミアクティブサスペンション搭載車両
500系	JR西日本	グリーン車（W編成），先頭車，パンタ車
700系	JR東海・西日本	グリーン車，先頭車，パンタ車
E2系	JR東日本	グリーン，先頭車以外の車両
E3系	JR東日本	先頭車以外の車両
300系の一部	JR東海・西日本	グリーン車，先頭車，パンタ車
800系	JR九州	すべての車両
N700系	JR東海・西日本・九州	すべての車両

車両形式	所有会社	フルアクティブサスペンション搭載車両
E2系	JR東日本	グリーン車，先頭車
E3系	JR東日本	先頭車
E5系	JR東日本	すべての車両

7.5　航空機

　従来の機械式操縦装置では，操縦桿の動きはロッド，リンク，ケーブルなどを介して舵面アクチュエータにつながっている．航空機の上下方向の制御系の基本は，機体のピッチ角度を所望の角度に変化させるピッチ角制御系である．図7.10(a)にピッチ角を制御するためのオートパイロットの構成を示す．ピッチ角は比較的遅い動きをする変数で，制御系の安定性を高めるために図7.10(b)に示すようにピッチ角速度がフィードバックされ，安定増加装置と呼ばれる（SAS：stability augmentation system）[8,9]．

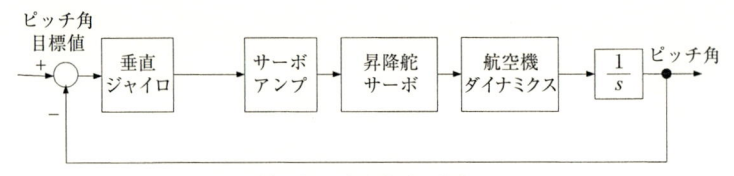

(a) ピッチ角制御系の構成

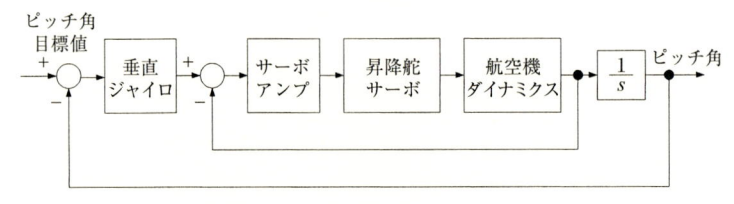

(b) 安定増加装置（ピッチ角速度によるフィードバック補償）

図 7.10　ピッチ角制御系の構成

　従来の機械式操縦装置では，パイロットの操縦技量により機体の運動性能を最大に引き出すことが求められる．一方，フライ・バイ・ワイヤ（FBW：fly-by-wire）と呼ばれる電気式操縦装置では，力センサによりパイロットから操縦桿に加えられた力が検出され，種々の飛行情報とともに FBW コンピュータに入力される．これらの情報からパイロットの意図した方向に機体を動かすように FBW コンピュータが舵面アクチュエータに指令する．FBW 操縦装置では図 7.11(b) に示すように 3 系統が故障しても安全な 4 重系の 3 フェールセーフシステムが採用されている[8]．図 7.12 はボーイング社の旅客機として初めて FBW 操縦装置を導入したボーイング 777 である．

まとめ

　工作機械や電子情報機器における位置決め制御系の高精度化と高速化，それにともない生じる機械共振による振動，車両高速化による振動の除去，自動車，新幹線，航空機などを最適状態で安全に走行，運行，航行するための最新の制御システムについて説明した．

◆ 演習問題

7.1 この章で取り扱ったもの以外にも多くのシステムに制御技術が組み込まれ，システムの向上，高速化，高精度化，安全性など，その目的も多岐にわたっている．また，介護・福祉分野での人間支援システムなど，自動制御装置は，これからますます重要となる．

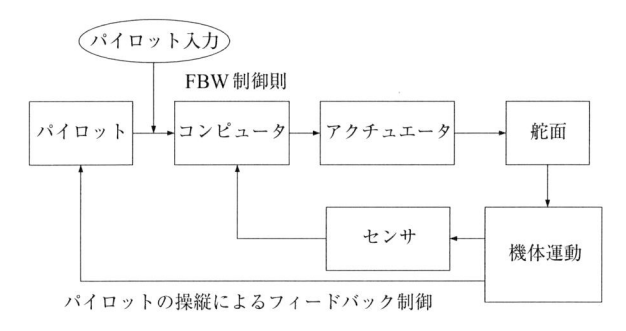

(a) ブロック線図

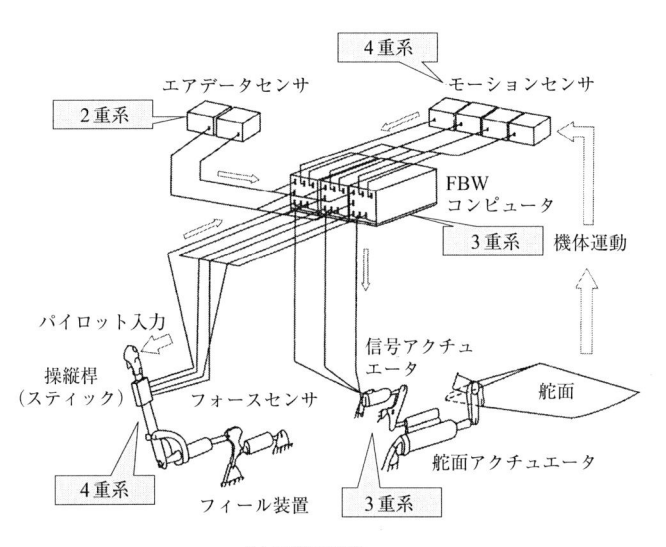

(b) 操縦装置例

図 7.11 FBW 制御系の構成[8]

図 7.12 ボーイング社最初の FBW 機ボーイング 777

関心のある制御システムについて，それらの目的やそれを支える要素技術について調べてみよう．
　（工作機械，エアコン，印刷機，衛星・ロケットなどの宇宙機器，セメント・精油などの化学プラント，製鉄・発電プラントなど）

◆ 参考文献

1) 稲葉善治，二瓶　亮，田村敏功，樽林秀倫，田中康好：複数台のM-430iAのビジュアルトラッキングによる高速ハンドリング，日本ロボット学会誌，**27**(1)：37-38(2009)
2) 内田裕之，野田　浩，岩下平輔，菱川哲夫：ファナックが提供する先進パワーモーションコントロール技術，精密工学会誌，**77**(5)：457-460(2011)
3) 日本機械学会編：機械系の動力学，オーム社，pp.170-177(1991)
4) 鷲野翔一：ITSと自動車制御，計測と制御，**43**(3)：207-213(2004)
5) 菅原能生，中川千鶴：新幹線車両の振動を制御する，RRR，**68**(3)：6-9(2011)
6) 小泉智志：新幹線におけるアクティブサスペンションの開発，計測と制御，**41**(1)：33-37(2002)
7) 三栄書房編集部：鉄道のテクノロジー「特集新幹線」，**5**：50-51，三栄書房(2010)
8) 片柳亮二：航空機の飛行制御の実際，森北出版，pp.50-59 (2011)
9) 綱島　均，中代重幸，吉田秀久，丸茂喜高：クルマとヒコーキで学ぶ制御工学の基礎，コロナ社，pp.145-150(2011)

8. さらに学ぶために

目標：第7章までに述べた古典制御理論は，基本的に1入力1出力制御系（single input-single output control system）に適用される．これに対して，ロボットや製鉄，化学プラントなどの実システムでは多変数制御が求められ，一般に，多入力多出力制御系（multi input-multi output control system）が構成される．また，制御対象の非線形性，モデル化誤差，パラメータ変動，各種外乱などへの対策も必要である．これらの課題に対応するため，コントローラとしてディジタル計算機の利用を前提としたいくつかの先進的な制御手法が提案され，それらの一部は実システムに適用されつつある．本章はこれらの制御理論の概要を整理し，制御工学をさらに学ぶための参考とする．

8.1 現代制御理論

1960年代初頭にポントリヤーギン（Pontryagin, L.S.）の最大原理やベルマン（Bellman, R.E.）の動的計画法が登場し，制御対象の特性表現に状態空間モデルを用いた現代制御理論が誕生した．

8.1.1 状態空間モデル

状態空間モデルは多入力多出力制御系の解析・設計に用いられ，主として現代制御理論において使用される．線形代数学が数学的道具となる．

図1.12の機械運動機構において，外力を加えたときの平衡状態からの質量の変位を $x_1(t)$，速度を $x_2(t)$ とし，外力を $u(t)$ とすれば，運動方程式（1.1）は次のような一階連立微分方程式に書き換えられる．

$$\dot{x}_1(t) = x_2(t) \tag{8.1a}$$

$$\dot{x}_2(t) = -\frac{k}{m}x_1(t) - \frac{b}{m}x_2(t) + \frac{1}{m}u(t) \tag{8.1b}$$

また，質量変位 $x_1(t)$ を出力検出値 $y(t)$ とすれば次式が得られる．

$$y(t) = x_1(t) \tag{8.2}$$

式 (8.1) および式 (8.2) をベクトルと行列を用いて表現すると次式となる．

$$\dot{x}(t) = Ax(t) + bu(t) \tag{8.3a}$$

$$y(t) = cx(t) \tag{8.3b}$$

ただし，$x(t) = (x_1(t), x_2(t))^T$ であり，$x(t)$ は状態変数ベクトル，$u(t)$ は制御入力，$y(t)$ は出力変数と呼ばれる．式 (8.3a) は状態方程式，式 (8.3b) は出力方程式と呼ばれ，それぞれの行列およびベクトルは次式で表される．

$$A = \begin{bmatrix} 0 & 1 \\ -k/m & -b/m \end{bmatrix}, \quad b = \begin{bmatrix} 0 \\ 1 \end{bmatrix}, \quad c = (1 \ \ 0) \tag{8.4}$$

それぞれの行列の特徴によりシステムの特性を知ることができる．行列 A の固有値はシステムの安定性や動特性を表す．また，行列 A とベクトル b よりシステムの可制御性，行列 A とベクトル c より可観測性などの性質を制御系設計に先んじて知ることができる．このような点が状態方程式を用いた現代制御理論の特徴である．ここでは1入力1出力の場合について述べたが，多入力多出力の場合にはベクトル b, c を行列 B, C に換えて同様の取り扱いが可能である．以下では，式 (8.3) において b, c を B, C に置き換えて議論を進める．

8.1.2 状態フィードバック制御

現代制御理論では制御対象の特性は式 (8.3) の状態方程式と出力方程式によって表される．これにより制御対象の内部状態まで考慮した制御系の設計ができる．内部状態は状態変数によって表される．すべての状態変数の目標値が0である制御系をレギュレータと呼び，レギュレータの設計問題が現代制御理論の基礎となる．

レギュレータの構成を図 8.1 に示す．状態フィードバックと呼ばれる制御則

$$u(t) = -Kx(t) \tag{8.5}$$

によって状態変数 $x(t)$ から制御入力 $u(t)$ を決定し，外乱などによって $x = 0$ の状態から変動した状態変数を元の値に戻す．

式 (8.5) を式 (8.3a) に代入すれば，閉ループ系の特性は次式で表され，

$$\dot{x}(t) = (A - BK)x(t) \tag{8.6}$$

閉ループ系の特性方程式は次式となる．

$$|sI - A + BK| = 0 \tag{8.7}$$

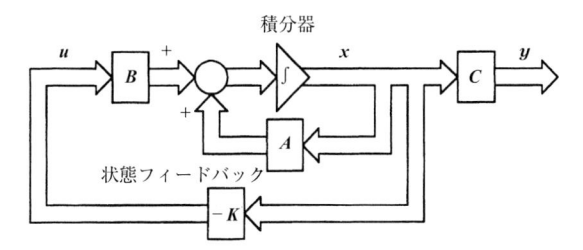

図 8.1 最適レギュレータ系の構成

この方程式の根は制御系の極（特性根）と呼ばれる．

行列 $A-BK$ の固有値は制御系の極と一致する．これらの固有値あるいは極は制御系の安定性や速応性などの基本特性を支配する．

8.1.3 極配置制御法

式（8.3）で表される制御対象 (A, B) が可制御であれば，行列 $A-BK$ の固有値を任意な値に設定する係数ベクトル K が存在する．すなわち，K の調整によって任意の特性を有する制御系（レギュレータ）を設計できる．特性方程式の係数比較などにより，望ましい極（固有値）を満足する係数ベクトル K が決定できる．また，高次のシステムにおいては，可制御正準形式を使用することにより計算量が低減できる．極配置と制御系の特性との関係は必ずしも理論的に明確にされているわけではなく，望ましい極の設定にはある程度の試行錯誤が求められる．

8.1.4 最適レギュレータ

最適制御理論では，係数ベクトル K は次の二次形式評価関数が最小になるように決定される．

$$J = \int_0^\infty (\boldsymbol{x}^T(t)\boldsymbol{Q}\boldsymbol{x}(t) + \boldsymbol{u}^T(t)\boldsymbol{R}\boldsymbol{u}(t))dt \tag{8.8}$$

第 1 項は制御性能を向上させるための，第 2 項は制御エネルギーを抑制するための評価量である．一般に両者の要求は相反するため，重み行列 Q, R を調整することにより両者の両立を図る．通常は，Q と R を適当に変えて制御系の応答をシミュレーションすることにより，望ましい応答が得られるまで試行錯誤を繰り返す．

8.1.5 状態観測器（オブザーバ）

式(8.5)の状態フィードバック制御を実施するためには，すべての状態変数を知る必要があるが，実際の制御対象では容易でない．そこで，図8.2に示すように制御対象と並列に状態観測器（オブザーバ）を構成する．制御対象とその数学モデルに同じ制御入力を加え，両者の出力差が0になるようにフィードバック操作を行う．このときのモデル内の状態変数を実際の状態変数の推定値として利用する．図に示すオブザーバは同一次元オブザーバと呼ばれ，すべての状態変数を推定するものである．これに対して，出力変数 y として測定される状態変数は推定しないで測定値をそのまま利用し，残りの状態変数のみを推定するものを最小次元オブザーバと呼ぶ．オブザーバの設計問題は誤差フィードバック行列 H を決定することであり，上で述べた極配置制御法や最適

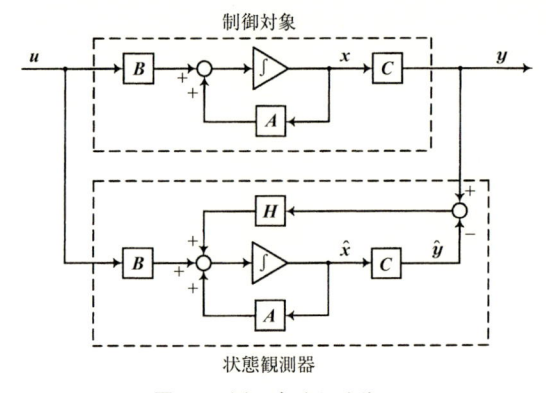

図 8.2 同一次元オブザーバ

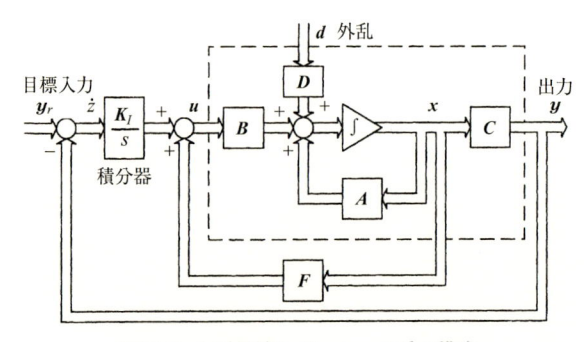

図 8.3 1形最適レギュレータ系の構成

レギュレータと同様の手法によって求められる．

この他，外乱や制御対象のパラメータ変動を推定するための外乱オブザーバなどが使用される．

8.1.6　1形最適レギュレータ

図 8.1 の最適レギュレータはいわゆる 0 形制御系であり，初期偏差は 0 に収束するが，持続外乱や目標値の変化に対して定常誤差が生じる．この対策として，図 8.3 に示す 1 形最適レギュレータが利用される．これは，前向きループに積分器を挿入したものである．変数 z を状態変数に加えて拡張した状態方程式を用いることにより通常の最適レギュレータ理論が適用できる．二次形式評価関数を最小化するように，状態フィードバック行列 F と積分ゲイン行列 K_I を決定する．

8.2　H^∞ 制御

H^∞ 制御は，H^∞ ノルム（周波数応答のゲインの最大値）と呼ばれる評価基準を用いることにより，最適レギュレータと同様な行列計算によって制御系を設計するものである．H^∞ 制御の典型的な問題である混合感度問題について説明する．

図 8.4 の制御系において，目標入力 r から制御偏差 e までの伝達関数 $S(s)$ は感度関数，観測ノイズ n から制御量 y までの伝達関数 $T(s)$ は相補感度関数と呼ばれる．目標値変化に対する追従特性や外乱抑圧特性を向上させるためには $|S(j\omega)|$ を小さく，観測ノイズの影響やロバスト安定性を改善するためには $|T(j\omega)|$ を小さくすればよい．しかし，$S(j\omega)+T(j\omega)=1$ の関係が成り立つため，同じ周波数域で上記の要求を両立させることは不可能である．このような

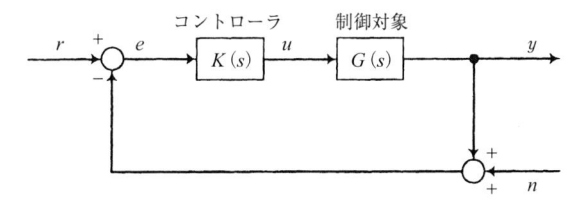

図 8.4　閉ループ制御系の構成

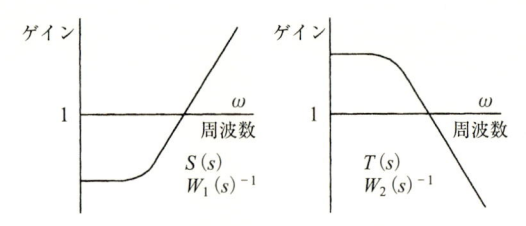

図 8.5 感度関数と周波数重み関数

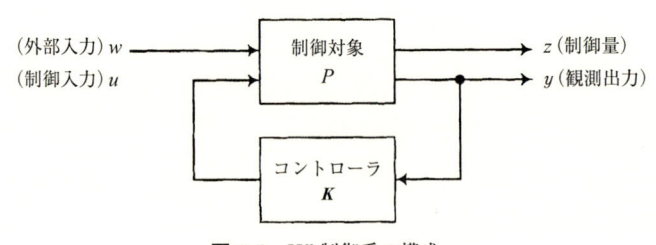

図 8.6 H$^\infty$ 制御系の構成

問題に対処するため，ある周波数域では S を，別の周波数域では T を重視した制御系を設計する．

一般に，制御系の偏差は低周波数域におけるものが重視され，外乱は比較的低周波数域に存在する．一方，観測ノイズは通常高周波数域に存在し，制御系の安定性を阻害する制御対象のパラメータ変動は高周波数域におけるほど顕著となる．したがって，図 8.5 に示すように，S は低周波数域において小さく，T は高周波数域において小さくなるように制御系を設計すればよい．H$^\infty$ 制御では，図 8.5 に示すような周波数重み W_1 と W_2 を S と T に付加した加重和

$$J = \max \left[|W_1(j\omega)S(j\omega)|^2 + |W_2(j\omega)T(j\omega)|^2 \right] \tag{8.9}$$

の H$^\infty$ ノルムを最小化するように制御系を設計する．

制御系設計においては，制御対象を図 8.6 のように記述し，$u = Ky$ で表されるコントローラのゲイン行列 K を決定する．H$^\infty$ 制御問題の解法はいくつか提案されているが，制御系設計 CAD である MATLAB が利用できる．H$^\infty$ 制御は周波数領域の特性と時間領域の設計法を結び付けた点に特徴があり，古典制御理論と現代制御理論を融合させるものである．H$^\infty$ 制御は多くの分野で応用されつつある．例えば，設計仕様が周波数特性により与えられる振動制御な

どへの応用が有効であり，第1章で述べたアクティブサスペンションなどへの応用が研究されている．

8.3 適応制御

　制御理論は制御対象の数学モデルに基づいて展開されるが，現実の制御対象には必ずなんらかの未知特性が存在する．このため数学モデルには必ずモデル化誤差が存在し，また，制御対象の特性は動作条件や経年変化の影響を受けると考えておく必要がある．適応制御はこのような問題に対処するものであり，未知特性の推定機能と，推定された値に基づいてコントローラを調整する機能の両者を備えたものである．

　適応制御法としては，図8.7に示すようなセルフチューニング制御（STC）とモデル規範形適応制御（MRAC）が代表的である．STCは，制御対象の入出力信号から動特性モデルを推定し，それに基づいてコントローラのゲインを自動調整する方式である．MRACは，目標値に対して望ましい応答特性を有する規範モデルの出力と制御量とが一致するようにコントローラを調整する方式である．

　適応制御の研究は，パラメータ推定機構の収束問題など理論的研究が先行していたが，近年，計算機の普及とともにその応用例あるいは応用を意図した研究が増えている．また，モデル化誤差に対するロバスト性を考慮した研究やニューラルネットワークを併用した研究など広範囲な研究が進められている．

(a) セルフチューニング制御系　　(b) モデル規範形適応制御系

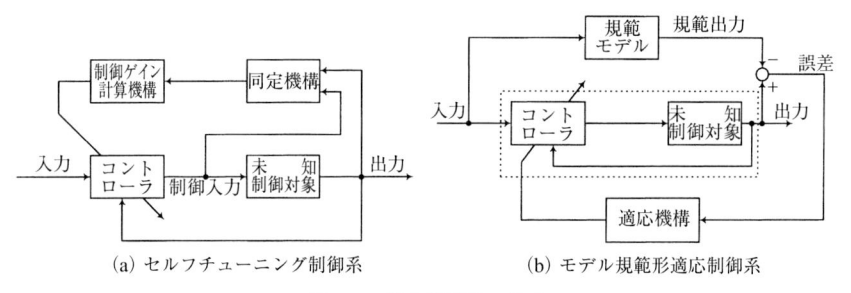

図8.7　適応制御系の構成

8.4 ロバスト制御

8.4.1 2自由度制御

ロバスト制御は，モデル化誤差や外乱の影響を最小限に抑圧することを目的とした制御手法である．先に述べたH^∞制御もその1つである．ここではまず，基本的なロバスト制御法である2自由度制御の基本概念について説明する．

2自由度制御は，目標値追従特性と外乱（モデル化誤差の影響も含める）抑圧特性の両立を図るための制御手法である．図8.8に通常の1自由度制御系と2自由度制御系を示す．Rは目標入力，Dは外乱，Yは制御量，Pは制御対象の伝達関数である．前者において式 (8.10)，後者において式 (8.11) が成り立つ．

$$Y = \frac{PC}{1+PC}R + \frac{P}{1+PC}D \tag{8.10}$$

$$Y = \frac{PC_1}{1+PC_2}R + \frac{P}{1+PC_2}D \tag{8.11}$$

それぞれの右辺第1項が目標値追従特性，第2項が外乱抑圧特性を表す．1自由度制御系では，コントローラCによって両特性を独立に設定することは不可能であるが，2自由度制御系では目標入力Rと制御量Dに対して独立にコントローラを設けることにより，両特性の両立を可能にしたものである．

8.4.2 外乱オブザーバ

図8.9に示す外乱オブザーバも優れた外乱抑圧性能を有する．Pは制御対象の伝達関数，P_nはそのノミナルモデル，Qは制御系の安定性を保証するためのフィルタである．観測ノイズ$\xi=0$とすれば，制御系の出力Yは次式で表さ

(a) 1自由度制御系　　　　　　　　(b) 2自由度制御系

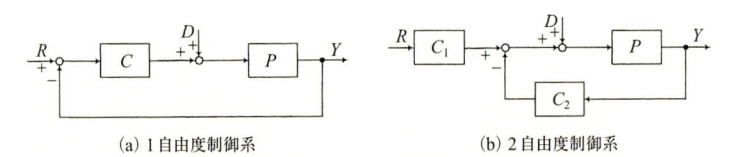

図 8.8　ロバスト制御系の構成

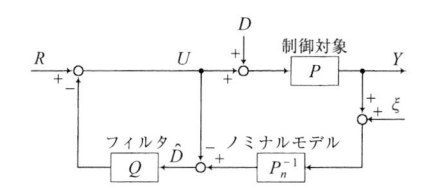

図 8.9 外乱オブザーバを用いた制御系

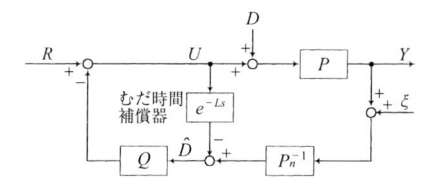

図 8.10 むだ時間補償つき外乱オブザーバ

れる.

$$Y = \frac{R + D(1-Q)}{P^{-1}(1-Q) + P_n^{-1}Q} \qquad (8.12)$$

$P = P_n$ のとき $\hat{D} = D$ となり,外乱 D を $\hat{D}$ として推定できる.$Q = 1$ のとき,制御量 Y に及ぼす外乱 D の影響は完全に除去でき,また,目標値追従特性 (Y/R) は P_n に固定され,制御系はモデルマッチングの機能を有する.一方,Q が 1 に近づくと観測ノイズ ξ の影響が大きくなるため,Q はこれらの妥協の下に決定される.通常,Q は P_n と同次数の低域フィルタとして設定される.

図 8.10 は,制御対象のむだ時間を補償するために提案された制御系である.制御入力 U のフィードバックループにむだ時間要素を挿入するものであり,よく知られているスミスのむだ時間補償法より導出できる.

外乱オブザーバは,制御対象のパラメータ変動も外乱として推定できるため,摺動部の摩擦力などとともに,制御対象の非線形性に起因する特性変動,多自由度運動機構の干渉問題などにも対応できる.また,構造が比較的単純なため容易に利用できる.

8.5 知識型制御

制御対象のモデルを必要としない知識型制御手法がいくつか提案されている．

8.5.1 ファジィ制御

ファジィ理論は1965年にカリフォルニア大学のザデ（Zadeh, L.A.）教授によって発表された．ファジィ理論は言葉の意味のあいまいさをメンバーシップ関数（0～1の数値を用いて帰属の程度を表す）により定量化するものである．また，ファジィルールと呼ばれる知識表現を用いた推論により，人間のあいまいな状況判断や意志決定を表現することができる．ファジィ理論は制御分野で最も多く応用されているが，そのきっかけを作ったのは，ロンドン大学のマムダミ（Mamdani, E.H.）教授が1974年にスチームエンジンの制御に応用した研究である．最初の産業応用事例は，1980年にデンマークのセメント会社スミス（Smidth）社がセメントキルンの自動運転に応用したものである．日本でも，地下鉄の自動運転や浄水場の薬品注入水処理などに応用された．いずれも数学モデルではうまく表現できない制御対象やオペレータの経験知識が取り扱い対象である．その後，家電やカメラなど身近なものにも応用されている．

ファジィ制御の推論機構として最も代表的な min-max 重心合成法による推論方法について説明する．例えば，ある位置決め系の制御則が次のような2つのファジィルールによって記述されていると仮定する．

- ルール1：IF e is Long and v is Slow THEN f is Small.

「目標位置までの距離が大きく，速度が遅ければ，ブレーキ力を小さくせよ．」

- ルール2：IF e is Short and v is Fast THEN f is Large.

「目標位置までの距離が小さく，速度が速ければ，ブレーキ力を大きくせよ．」
e は目標位置までの距離，v は速度であり，推論機構への入力変数となる．f はブレーキ力を表す出力変数である．また，Long, Slow, Small などはメンバーシップ関数で表されるファジィ集合を表す．

いま，$e=a, v=b$ の入力が与えられたとすると，最終的な出力 f^* は図8.11において次のような過程によって求められる．

①各入力変数の前件部のファジィ集合に対する適合度を求め，それらの min

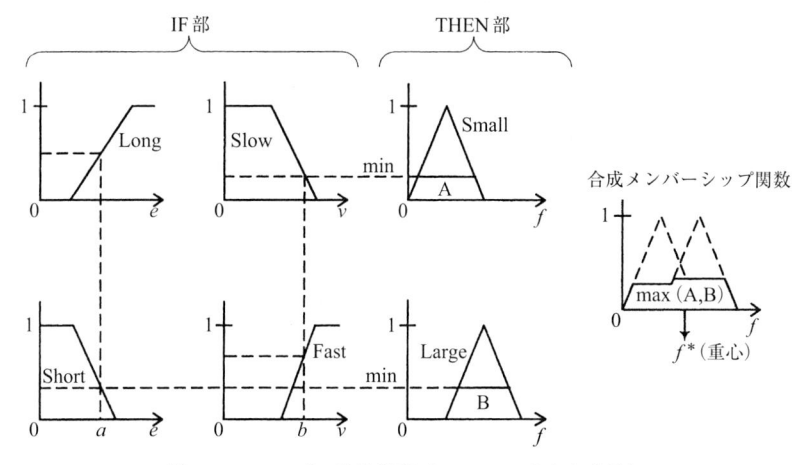

図 8.11　ファジィ推論過程（min-max 重心合成法）

（論理積）をとる．min の適合度により後件部のファジィ集合をカットする．

②各ルールから求められたカット後のファジィ集合の max（論理和）をとることにより得られた合成メンバーシップ関数の重心を推論結果 f^* とする．

合成メンバーシップ関数から最終出力を求める過程は非ファジィ化と呼ばれる．これには上記の重心法が最も多く利用されるが，このほか演算の高速化のために後件部に非ファジィ数を用いる方法などが利用される．

ニューラルネットワークを併用してファジィコントローラに学習能力を与えるなど，他の制御法と融合することにより高度の制御システムを実現しようとする試みも盛んである．

8.5.2　学習制御

学習制御は，同じ運動を繰り返しながら理想の制御入力パターンを獲得していく手法である．制御対象の数学モデルが不要であり，また，制御対象のパラメータを同定する必要がないことが特徴である．

繰返し動作による誤差学習制御は，同じ目標値が繰返し与えられる場合に，前回試行時の誤差に基づいて次回試行時の制御入力を修正する方法である．図 8.12 は繰返し学習制御アルゴリズムを示す．$y_d(t)$ は目標値，$y_k(t)$ は制御量，$u_k(t)$ は制御入力を表し，添字 k は第 k 回目試行時の値を示す．ディジタル制御の場合には，これらのパターンは離散化された時系列データとして与えられ

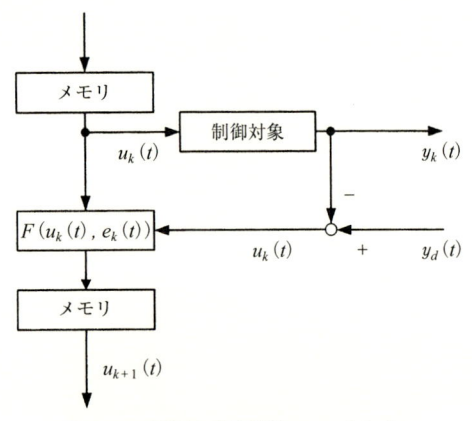

図 8.12 繰返し学習制御アルゴリズム

る．第 k 回目試行時の誤差 $e_k(t)$ を次式で計算し，
$$e_k(t) = y_d(t) - y_k(t) \tag{8.13}$$
これを用いて第 $(k+1)$ 回目の制御入力を次式で与える．
$$u_{k+1}(t) = F(u_k(t), e_k(t)) \tag{8.14}$$
関数 F の与え方には種々の形式が考えられるが，例えば次のような学習則が考案されている．
$$u_{k+1}(t) = u_k(t) + D\dot{e}_k(t) \tag{8.15a}$$
$$u_{k+1}(t) = u_k(t) + \Phi e_k(t) \tag{8.15b}$$
それぞれの学習則について誤差の収束条件が示されている．しかし，収束性を吟味するためには制御対象の数学モデルが必要であり，特性が未知の制御対象に対して事前に学習の収束を保証することはできない．

学習制御には学習初期に不安定な応答をする恐れや学習の収束の問題などが残されているが，制御系設計に際して多くの専門的知識を必要としない実用性の高い制御手法である．従来の制御方式と組み合わせた形での利用が現実的である．

8.5.3 ニューラルネットワーク制御

ニューラルネットワーク（神経回路網）の研究は 1950 年代より盛んであるが，1980 代前半にニューラルネットワーク（以下，NN と略記）の新しい学習法がいくつか提案され，これを実現するためのコンピュータ技術の進歩など

により脚光を浴び今日にいたっている．NNの導入により，パターン情報処理や学習などの機能を実現することが可能である．このうち，ニューラルネットワーク制御は主に学習機能を利用するものであり，ロボットアームの軌道制御や化学プラントのプロセス制御など広範な分野での応用が研究されている．

a. ニューラルネットワークの基礎

図8.13はNNの構成単位であるニューロンの数学モデルである．ニューロンは多入力1出力要素であり，n個の入力 $O_i (i=1, 2, \cdots, n)$ はシナプス結合により重み付けされて net_j となる．θ はしきい値を示す．net_j の値が0以上になると $O_j = f(net_j)$ の関係によりパルスを出力する．関数 f には単位ステップ関数やシグモイド関数が用いられる．これらのニューロンを多数結合して，結合係数 ω_{ji} を変化せることにより種々の要求を満足する情報処理を行わせることができる．

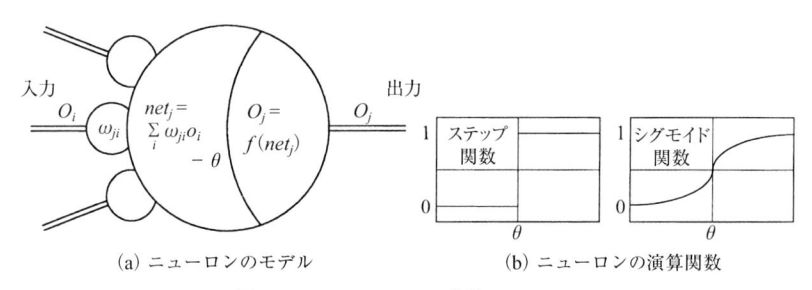

図8.13 ニューロンの数学モデル

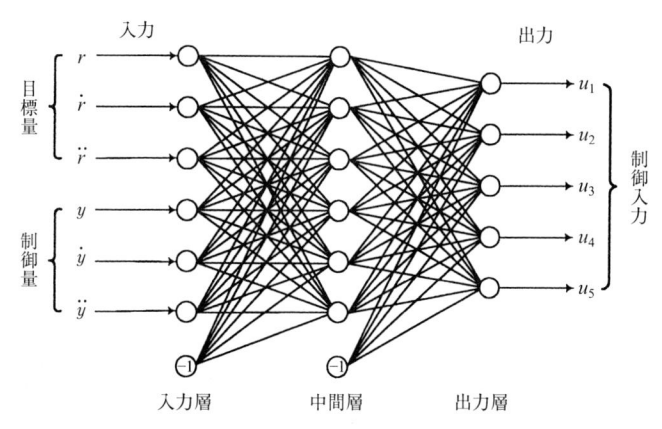

図8.14 階層形ニューラルネットワークコントローラの例

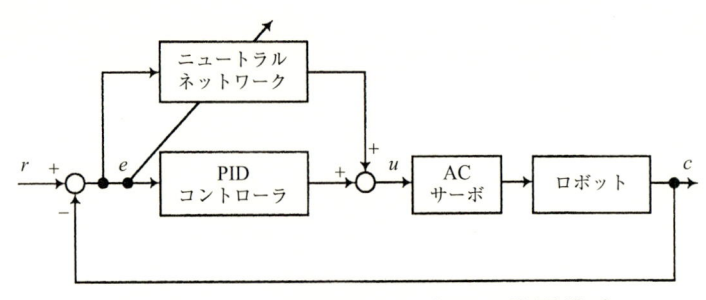

図 8.15　ニューラルネットワークを用いた学習制御系

　NN は，信号が入力層から出力層へ向かって一方向に流れる階層形と，双方向に流れる相互結合形に大別される．図 8.14 に示す階層形ネットワークでは，入力層の信号に対して出力層で得られる信号が望ましいものとなるように結合係数を決定する誤差逆伝播法が用いられる．これは，勾配法と呼ばれる最適化手法の1つである．ニューラルネットワーク制御には階層形が応用され，相互結合形はパターン認識などに応用される．

b. ニューラルネットワーク制御系の構成

　図 8.15 は，ニューラルネットワークを用いたロボット制御系の例である．階層型ニューラルネットワークが使用され，制御偏差 e を 0 に近づける制御入力を生成するようにネットワークの結合係数がオンラインで更新される．ニューラルネットワーク制御の問題点の1つは，結合係数の初期値の与え方が不適切な場合，学習初期において不安定な応答が生じるおそれがあることである．図に示す制御系では，この問題を抑えるため，通常の PID コントローラを並列に設置している．この場合，PID コントローラには精密なゲイン調整は要求されず，ロボットのパラメータ変動への対応はニューラルネットワークが受け持つことになる．ニューラルネットワーク制御はサンプリング間隔ごとに結合係数の更新を行うため，1回の試行動作により学習が完了することもある．

8.6　ロボット制御理論——分解速度制御

　図 8.16 に示す多関節型ロボットマニピュレータの制御について考える．必要に応じてロボット上に種々の座標系が設定されるが，ここでは，ロボット据付け位置を原点とする作業座標ならびに関節座標を設定する．作業座標系の変

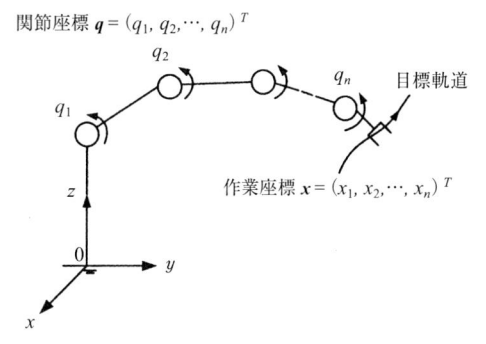

図 8.16 多関節型ロボットマニピュレータの座標表現

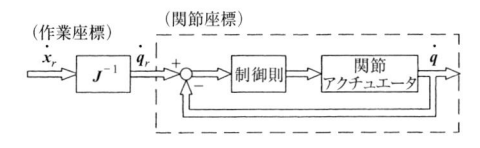

図 8.17 分解速度制御法

数 $x(t)=(x_1(t),\cdots,x_n(t))^T$ はロボット手先の位置と姿勢を表し，関節座標の変数 $q(t)=(q_1(t),\cdots,q_n(t))^T$ は各関節の回転（あるいは並進）変位を表す．ロボットに所定の作業を行わせる場合，通常，その目標軌道は作業変数 $x(t)$ により与えられ，具体的な制御動作は各関節の運動制御により実施される．そこで，作業座標系で与えられた目標軌道を満足する各関節変数の目標値を求めることが問題となる．

関節座標から作業座標への変換 $x=f(q)$ を順変換，作業座標から関節座標への変換 $q=h(x)$ を逆変換と呼ぶ．上記の問題は逆変換を求める問題（逆運動学問題）に相当する．この問題は一般に複雑であり，解の存在性や一意性が保証されないことがある．

分解速度制御（resolved motion rate control）は，このような困難に対応するために提案された方法である．図 8.17 に示すように，次式で定義されるヤコビアン $J(q)$ を用いて，

$$dx(t)=J(q)dq(t) \tag{8.16}$$

次式により，作業座標で与えられたロボット手先の目標速度を関節座標での目標速度に分解して，これらに対して関節ごとに速度サーボ系を構成する．

$$\dot{\boldsymbol{q}}(t) = \boldsymbol{J}^{-1}(\boldsymbol{q})\dot{\boldsymbol{x}}(t) \qquad (8.17)$$

ヤコビアンの逆行列が存在すれば，線形演算により逆運動学問題に対応できる．ただし $\boldsymbol{J}^{-1}(\boldsymbol{q})$ はロボットの位置や姿勢によって変化するため，制御時に逐次計算し直す必要がある．また，マニピュレータの特異点（$|\boldsymbol{J}|=0$ となる位置・姿勢）においては $\boldsymbol{J}^{-1}$ が存在しなくなるので，別の対策が必要となる．

まとめ

いくつかの制御理論の概要について述べた．古典制御理論の範囲に入る制御方式も PID 制御を中心として高機能化が進みつつあり，しだいに古典制御理論と現代制御理論が融合する時代を迎えている．今後，エレクトロニクス，アクチュエータ，センサなど関連技術の進歩とともに，多種多様な制御理論が実用化されていくと考えられるが，制御対象に最も適合した制御理論を採用する必要がある．

付録

ラプラス変換の基礎

　古典制御理論は伝達関数の導入により展開される．伝達関数に基づいて制御系の過渡応答や定常特性，周波数応答が解析的に議論できる．このような伝達関数によるモデリングはラプラス変換（Laplace transformation）に基づいている．例えば，伝達関数は微分方程式のラプラス変換により導出され，過渡応答はラプラス逆変換により計算できる．周波数応答は $s=j\omega$ と置き換えた周波数伝達関数により議論できる．ラプラス変換は古典制御理論において不可欠の道具である．

　ラプラス変換に関する詳細な議論は数学のテキストが参照できるため，ここでは，制御理論の展開上で必要な項目についてのみ説明する．

　ラプラス変換の定義は，時間領域（t 領域）から複素周波数領域（s 領域）への積分変換として次式で与えられる．

$$F(s)=\int_0^\infty f(t)e^{-st}dt \tag{1}$$

$f(t)$ は $[0, \infty]$ で定義された時間関数であり，式（1）の右辺の無限積分が収束するような s が存在するものとする．$F(s)$ は $f(t)$ のラプラス変換であり，しばしば，$F(s)=\mathcal{L}[f(t)]$ と表示される．

A.1　基本的な時間関数のラプラス変換

制御系の入力信号としてよく利用される時間関数のラプラス変換を示す．

A.1.1　単位ステップ関数（付図1）　$f(t)=1(t\geq 0)$

$$F(s)=\int_0^\infty 1\cdot e^{-st}dt=-\frac{1}{s}[e^{-st}]_0^\infty=\frac{1}{s} \tag{2}$$

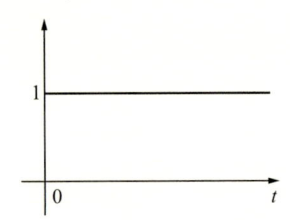

付図1 単位ステップ関数

A.1.2 単位ランプ関数 （付図2） $f(t)=t(t\geqq 0)$

$$F(s)=\int_0^\infty te^{-st}dt=-\frac{1}{s}[te^{-st}]_0^\infty+\frac{1}{s}\int_0^\infty e^{-st}dt$$

$$=-\frac{1}{s^2}[e^{-st}]_0^\infty=\frac{1}{s^2} \tag{3}$$

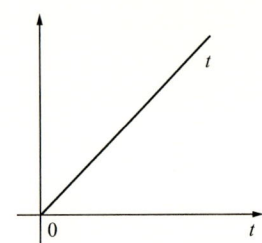

付図2 単位ランプ関数

A.1.3 指数関数 （付図3） $f(t)=e^{-at}$

$$F(s)=\int_0^\infty e^{-at}e^{-st}dt=-\frac{1}{s+a}[e^{-(s+a)t}]_0^\infty$$

$$=\frac{1}{s+a} \tag{4}$$

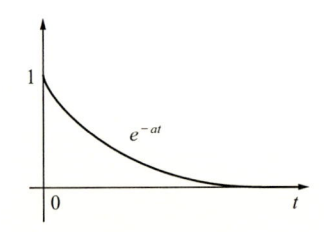

付図3 指数関数

A.1.4 sin 関数　$f(t)=\sin \omega t$

オイラーの公式

$$e^{\pm j\omega t}=\cos \omega t \pm j \sin \omega t \tag{5}$$

より，

$$\sin \omega t=\frac{1}{2j}(e^{j\omega t}-e^{-j\omega t}) \tag{6}$$

右辺各項を式（4）に従ってラプラス変換すれば，

$$F(s)=\frac{1}{2j}\left(\frac{1}{s-j\omega}-\frac{1}{s+j\omega}\right)$$
$$=\frac{\omega}{s^2+\omega^2} \tag{7}$$

A.2　微分・積分のラプラス変換

ラプラス変換の利点の1つは，微分，積分が s の代数式で表現できることであり，微分方程式から伝達関数を求める際に利用される．

A.2.1　微分のラプラス変換

部分積分法を用いることにより，

$$\int_0^\infty \frac{df(t)}{dt}e^{-st}dt=\left[f(t)e^{-st}\right]_0^\infty+s\int_0^\infty f(t)e^{-st}dt=sF(s)-f(0) \tag{8}$$

ここで，$f(0)$ は関数 $f(t)$ の初期値である．

同様にして，高次の微分に対して次式が得られる．

$$\int_0^\infty \frac{d^k f(t)}{dt^k}e^{-st}dt=s^k F(s)-s^{k-1}f(0)-s^{k-2}f^{(1)}(0)-\cdots-f^{(k-1)}(0) \tag{9}$$

ただし，$f^{(i)}(0)=d^i f(t)/dt^i \big|_{t=0}$ である．

A.2.2　積分のラプラス変換

部分積分法を用いることにより，

$$\int_0^\infty \left(\int f(t)dt\right)e^{-st}dt=\left[-f^{(-1)}(t)\frac{e^{-st}}{s}\right]_0^\infty+\frac{1}{s}\int_0^\infty f(t)e^{-st}dt$$

$$= \frac{F(s)}{s} + \frac{f^{(-1)}(0)}{s} \tag{10}$$

ただし，$f^{(-1)}(t) = \int f(t)dt$ である．

A.3　推移定理

A.3.1　s 領域における推移定理

$f_1(t) = f(t)e^{at}$ のラプラス変換は次式となる．

$$F_1(s) = \int_0^\infty f(t)e^{-(s-a)t}dt \tag{11}$$

これより，次式の s 領域における推移定理が得られる．

$$F_1(s) = F(s-a) \tag{12}$$

この定理は，例えば，$f_1(t) = e^{at}\sin \omega t$ などのラプラス変換に利用することができ，式（7）において s 領域における並行移動（推移）を行うことにより，次式が求まる．

$$F_1(s) = \frac{\omega}{(s-a)^2 + \omega^2} \tag{13}$$

A.3.2　t 領域における推移定理

時間領域で並行移動した関数 $f_2(t) = f(t-\tau)$ のラプラス変換は次式で与えられる．

$$F_2(s) = \int_0^\infty f(t-\tau)e^{-st}dt \tag{14}$$

いま，$t-\tau=\rho$ とおけば，$dt=d\rho$ であるから，

$$F_2(s) = \int_0^\infty f(\rho)e^{-s(\rho+\tau)}d\rho = \left(\int_0^\infty f(\rho)e^{-s\rho}d\rho\right)e^{-s\tau} = F(s)e^{-\tau s} \tag{15}$$

この定理は，むだ時間要素の伝達関数を求めるときなどに利用される．

A.3.3　単位インパルス関数

単位インパルス関数は付図 4 に示すように幅が 0，高さ無限大のデルタ関数 $\delta(t)$ であり，そのラプラス変換は 1 となる．付図 5 に示すような幅 τ，高さ

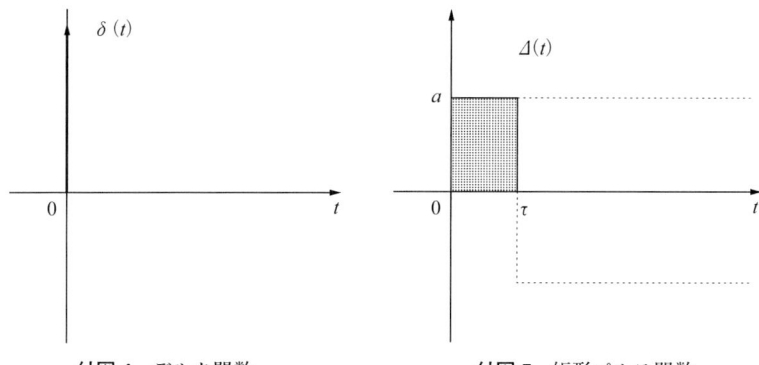

付図 4　デルタ関数　　　　付図 5　矩形パルス関数

$a=1/\tau$ の矩形パルス関数 $\Delta(t)$ を選び，これを式（2）および式（15）の推移定理を利用してラプラス変換すると次式が得られる．

$$F(s)=\int_0^\infty \Delta(t)e^{-st}dt=\frac{1}{\tau}\left(\frac{1}{s}-\frac{1}{s}e^{-\tau s}\right)=\frac{1-e^{-\tau s}}{\tau s} \tag{16}$$

$\tau \to 0$ のとき，

$$\lim_{\tau \to 0} F(s)=\lim_{\tau \to 0}\frac{1-e^{-\tau s}}{\tau s}=1 \tag{17}$$

単位インパルス関数は，単位ステップ関数や単位ランプ関数と並び，制御工学においてよく利用される基準入力の1つである．

A.4　初期値・最終値の定理

$t=0$ および $t\to 0$ における時間領域での値 $f(t)$ は，そのラプラス変換 $F(s)$ より簡単に求められる．

A.4.1　初期値の定理

$$\lim_{s\to\infty}\int_0^\infty \frac{df(t)}{dt}e^{-st}dt=\lim_{s\to\infty}sF(s)-f(0)=0$$

より

$$\lim_{t\to 0}f(t)=\lim_{s\to\infty}sF(s) \tag{18}$$

A.4.2 最終値の定理

$$\lim_{s \to 0} \int_0^\infty \frac{df(t)}{dt} e^{-st} dt = \lim_{s \to 0} sF(s) - f(0) = \int_0^\infty \frac{df(t)}{dt} dt = \lim_{t \to \infty} f(t) - f(0)$$

より

$$\lim_{t \to \infty} f(t) = \lim_{s \to 0} sF(s) \tag{19}$$

最終値の定理より,制御系の定常応答値はラプラス変換により簡単に求めることができ,定常特性の評価においてよく利用される.

A.5 ラプラス逆変換

$F(s)$ からもとの時間関数 $f(t)$ への変換は複素積分

$$f(t) = \frac{1}{2\pi j} \int_{c-j\infty}^{c+j\infty} F(s) e^{st} ds \tag{20}$$

で定義され,

$$f(t) = \mathcal{L}^{-1}[F(s)] \tag{21}$$

と書かれる.

与えられた $F(s)$ から $f(t)$ を求める場合,式 (20) を直接利用することは少なく,第2章の表2.1 のようなラプラス変換表を用いるのが一般的である.$F(s)$ を部分分数に分解し,それぞれの部分についてラプラス変換表に示された変換を適用すればよい.

例えば,次の実係数関数

$$F(s) = \frac{K}{s^2 + as + b} \tag{22}$$

のラプラス逆変換を求める場合,

$$F(s) = \frac{\alpha_1}{s + p_1} + \frac{\alpha_2}{s + p_2} \tag{23}$$

のように部分分数に展開し,右辺のそれぞれの項について変換表を参照することにより,次式が得られる.

$$f(t) = \alpha_1 e^{-p_1 t} + \alpha_2 e^{-p_2 t} \tag{24}$$

ここで,$-p_1, -p_2$ は式 (22) の分母=0 とする方程式の根である.

方程式の根が共役複素根 $-\sigma \pm j\omega$ の場合には，式（22）は

$$F(s) = \frac{c-jd}{s+\sigma-j\omega} + \frac{c+jd}{s+\sigma+j\omega}$$

のように展開され，その逆変換は

$$f(t) = (c-jd)e^{-\sigma t+j\omega t} + (c+jd)e^{-\sigma t-j\omega t} = 2e^{-\sigma t}(c \cdot \cos \omega t + d \cdot \sin \omega t)$$
$$= 2\sqrt{c^2+d^2} \cdot e^{-\sigma t} \sin(\omega t + \varphi) \tag{25}$$

ここで，$\varphi = \tan^{-1} c/d$ である．方程式が共役複素根を持つ場合には，それに対応する時間関数は振動的成分となる．

また，式（24）や式（25）の時間関数が 0 に収束するためには，分母＝0 とする方程式のすべて根の実数部が負でなければならないことがわかる．このことは，ラウスやフルヴィッツの安定判別法の基礎となっている．

なお，式（22）の分母が低次の場合には，式（22）を通分して分子の係数比較を行うことにより展開係数 α_1 や α_2 を求めることが可能であるが，高次の場合はヘビサイドの展開定理の利用が便利である．

$F(s)$ として一般的表現を考える．

$$F(s) = \frac{b_m s^m + b_{m-1} s^{m-1} + \cdots + b_1 s + b_0}{s^n + a_{n-1} s^{n-1} + \cdots + a_1 s + a_0} \tag{26}$$

ここで，通常は $n > m$ である．

ⅰ） 重根がない場合

式（26）の分母＝0 とおいた方程式に重根がない場合には，

$$F(s) = \frac{b_m s^m + b_{m-1} s^{m-1} + \cdots + b_1 s + b_0}{(s+p_1)(s+p_2)\cdots(s+p_n)} \tag{27}$$

は次のように展開でき，

$$F(s) = \frac{\alpha_1}{s+p_1} + \frac{\alpha_2}{s+p_2} + \cdots + \frac{\alpha_n}{s+p_n} \tag{28}$$

その係数 $\alpha_i (i=1 \sim n)$ は次式で与えられる．

$$\alpha_i = (s+p_i)F(s)|_{s=-p_i} \tag{29}$$

ⅱ） 重根がある場合

$$F(s) = \frac{b_m s^m + b_{m-1} s^{m-1} + \cdots + b_1 s + b_0}{(s+p_1)^k (s+p_2) \cdots (s+p_r)} \tag{30}$$

は次のように展開でき，

$$F(s) = \frac{\beta_1}{(s+p_1)^k} + \frac{\beta_2}{(s+p_1)^{k-1}} + \cdots + \frac{\beta_k}{s+p_1} + \frac{\alpha_2}{s+p_2} + \cdots + \frac{\alpha_r}{s+p_r} \quad (31)$$

その係数 $\beta_i\,(i=1\sim k)$ は次式で与えられる.

$$\beta_i = \frac{1}{(i-1)!} \frac{d^{i-1}}{ds^{i-1}} \left[(s+p_1)^k F(s)\right]\bigg|_{s=-p_1} \quad (32)$$

係数 $\alpha_i\,(i=2\sim r)$ は,式(29)より求められる.

　重根が複数個ある場合には,それぞれについて,式(31)と式(32)を実行すればよい.

演習問題の解答例

◆ 第1章

1.1 省略

1.2 省略

1.3 x_d は一定値を考慮して，式 (1.8) を次のように書き直す．
$$\dddot{x} + a_2 \ddot{x} + a_1 \dot{x} + a_0 x = a_0 x_d$$
ここで，
$$a_2 = (b + k_V)/m, \quad a_1 = (k + k_P)/m, \quad a_0 = K_I/m$$
である．特性方程式
$$\lambda^3 + a_2 \lambda^2 + a_1 \lambda + a_0 = 0$$
が，簡単のため相異なる根 p_1, p_2, p_3 を持つとすると，同次解は次式で与えられる．
$$x = c_1 e^{p_1 t} + c_2 e^{p_2 t} + c_3 e^{p_3 t}$$
p_1, p_2, p_3 は，特性根と呼ばれる．さらに，特殊解は $x = x_d$ で与えられる．

以上より，x_d が一定値の場合の式 (1.8) の一般解は次式となる．
$$x = c_1 e^{p_1 t} + c_2 e^{p_2 t} + c_3 e^{p_3 t} + x_d$$
c_1, c_2, c_3 は初期条件によって決まる定数である．

右辺の第1項から第3項が解 x の時間的変化（応答）の形態を支配する．これらの3項が時間の経過とともに0に収束する場合には，式 (1.8) で表される制御系は「安定」，そうでない場合には「不安定」という．すなわち，すべての特性根 p_1, p_2, p_3 の実数部が負であれば右辺の3項はすべて0に収束し，制御系は安定で，x は x_d に漸近する．3項の収束の形態は特性根に支配され，複素根の場合には振動的応答となり，振動形態は実数部と虚数部のそれぞれの絶対値の比により決まる．また，実数部の絶対値が大きいほど応答の収束が速い．このように制御系の安定性や応答の形は特性根に支配される．

特性根は特性方程式の係数 a_2, a_1, a_0 により決まる．すなわち式 (1.8) の制御系では，理論的には，コントローラの3個のゲイン k_P, k_I, k_V によって応答特性を自由に設定できることになる．

以上のように特性根は制御系の性能を支配する最も重要な量である．本書で学ぶ制御系の過渡応答，ラウスやフルヴィッツの安定判別法などは，すべて特性根に基づいた議論であることに留意されたい．

◆ 第2章

2.1 振子が速く倒れるからである．すなわち，振子が短くなると振動周期が短くなり，振子の運動が速くなり，高速に制御する必要があるからである．図 2.1 で示した制御システムの場合，振子の長さが 10 cm 程度でもロボットアームやカメラによる制御は可能であるが，人間では無理である．

2.2 省略

2.3 伝達関数例は，取り上げる具体例の時定数とむだ時間の値を考え，
$$G(s)=\frac{6.5e^{-0.45s}}{1+0.8s}$$
のような形で書く．分子の係数 6.5 は何でもよい．

2.4 2つの台車の運動方程式は，それぞれ次式で表される．
$$m_1\ddot{x}_1(t)=-k_1x_1(t)-c_1\dot{x}_1(t)-k_2\{x_1(t)-x_2(t)\}-c_2\{\dot{x}_1(t)-\dot{x}_2(t)\}$$
$$m_2\ddot{x}_2(t)=u(t)-k_2\{x_2(t)-x_1(t)\}-c_2\{\dot{x}_2(t)-\dot{x}_1(t)\}$$
これら2つの式をラプラス変換し，すべての初期値を0として伝達関数を求めると，以下のようになる．
$$G(s)=\frac{X_1(s)}{U(s)}=\frac{c_2s+k_2}{m_1m_2s^4+(m_1c_2+m_2c_1+m_2c_2)s^3+(c_1c_2+m_1k_2+m_2k_1+m_2k_2)s^2+(k_1c_2+k_2c_1)s+k_1k_2}$$
$$F(s)=\frac{X_2(s)}{U(s)}=\frac{m_1s^2+(c_1+c_2)s+k_1+k_2}{m_1m_2s^4+(m_1c_2+m_2c_1+m_2c_2)s^3+(c_1c_2+m_1k_2+m_2k_1+m_2k_2)s^2+(k_1c_2+k_2c_1)s+k_1k_2}$$

2.5 左側の閉回路にキルヒホッフの第二法則を適用すると，
$$v_i(t)=R_1i_1(t)+\frac{1}{C_1}\int i_2(t)dt$$
を得る．同様に，右側の閉回路にキルヒホッフの第二法則を適用すると，
$$0=R_2i_3(t)+\frac{1}{C_2}\int i_3(t)dt-\frac{1}{C_1}\int i_2(t)dt$$
となる．また，右端の出力電圧 $v_o(t)$ は次式で表される．
$$v_o(t)=\frac{1}{C_2}\int i_3(t)dt$$
一方，分岐点において，キルヒホッフの第一法則（電流法則）より次式を得る．
$$i_1(t)=i_2(t)+i_3(t)$$
これらをラプラス変換し，整理して伝達関数を求めると以下のようになる．
$$G(s)=\frac{V_o(s)}{V_i(s)}=\frac{1}{R_1C_1R_2C_2s^2+(R_1C_1+R_1C_2+R_2C_2)s+R_1C_1+1}$$
$$F(s)=\frac{I_1(s)}{V_i(s)}=\frac{s(R_2C_1C_2s+C_1+C_2)}{R_1C_1R_2C_2s^2+(R_1C_1+R_1C_2+R_2C_2)s+1}$$

2.6 左側の閉回路にキルヒホッフの第二法則を適用すると，
$$v_i(t)=L\frac{di_1(t)}{dt}+R_1i_1(t)+\frac{1}{C_1}\int i_2(t)dt$$
を得る．同様に，右側の閉回路にキルヒホッフの第二法則を適用すると，
$$0=R_2i_3(t)+R_3i_3(t)-\frac{1}{C_1}\int i_2(t)dt$$
となる．また，右端の出力電圧 $v_o(t)$ は，$v_o(t)=R_3i_3(t)$ で表される．
　一方，分岐点においては，キルヒホッフの第一法則より次式を得る．
$$i_1(t)=i_2(t)+i_3(t)$$
以上，4つの式をラプラス変換し，すべての初期値を0とし整理すると，以下の伝達関数が得られる．

$$G(s) = \frac{V_o(s)}{V_i(s)} = \frac{R_3}{C_1L(R_2+R_3)s^2 + (C_1R_1R_2+C_1R_1R_3+L)s + (R_2+R_3)}$$

2.7 左側と右側のタンクには，以下の式が成り立つ．

$$A_1 \frac{dh_1(t)}{dt} = q_i(t) - \frac{1}{R_1}\{h_1(t) - h_2(t)\}$$

$$A_2 \frac{dh_2(t)}{dt} = \frac{1}{R_1}\{h_1(t) - h_2(t)\} - q_o(t)$$

また，出口流量と水位の間には次の関係がある．

$$q_o(t) = \frac{1}{R_2} h_2(t)$$

これらをラプラス変換し，すべての初期値を 0 として整理すると，以下の伝達関数が得られる．

$$G_1(s) = \frac{Q_o(s)}{Q_i(s)} = \frac{1}{A_1A_2R_1R_2s^2 + (A_1R_1+A_2R_2+A_1R_2)s+1}$$

$$F(s) = \frac{H_2(s)}{Q_i(s)} = \frac{R_2}{A_1A_2R_1R_2s^2 + (A_1R_1+A_2R_2+A_1R_2)s+1}$$

2.8 前問 2.7 と同様にして，以下の関係式を得る．

$$A_1 \frac{dh_1(t)}{dt} = q_1(t) - q_2(t)$$

$$q_2(t) = \frac{1}{R_1} h_1(t)$$

$$A_2 \frac{dh_2(t)}{dt} = q_2(t) - q_o(t)$$

$$q_o(t) = \frac{1}{R_2} h_2(t)$$

これらをラプラス変換し，すべての初期値を 0 とし，$Q_1(s)$ を入力，$Q_o(s)$ を出力とする伝達関数 $Q_2(s)$ を求めると次式となる．

$$G_2(s) = \frac{Q_o(s)}{Q_1(s)} = \frac{1}{(A_1R_1s+1)(A_2R_2s+1)}$$

$$= \frac{1}{A_1A_2R_1R_2s^2 + (A_1R_1+A_2R_2)s+1}$$

これは，前問 2.7 の $G_1(s)$ とよく似ているが，分母の第 2 項が少し異なる．上式を見てわかるように，$G_2(s)$ は 2 つの一次遅れ要素 $1/(ARs+1)$ の単純な結合（積）になっているが，前問 2.7 の $G_1(s)$ はそうはなっていない．すなわち，前問 2.7 の場合，2 つのタンクの水位により結合管で流れが逆流することがあり，お互いに影響を及ぼすが，問題 2.8 のカスケード（cascade：小さな滝）結合では，流れは滝のように一方向だけで，お互いに影響を及ぼさないという違いがある．カスケード結合の場合，全体の伝達関数 $G_2(s)$ は 2 つの要素の直列結合となる．電気回路において，2 つの回路を増幅器で結合する場合もカスケード結合である．

2.9
(1) 複雑なシステムになるほど，以下のラグランジュの運動方程式を利用するのが便利であり，間違いが少なくなる．

$$\frac{d}{dt}\frac{\partial L}{\partial \dot{x}} - \frac{\partial L}{\partial x} = Q_x \quad (A2.1)$$

$$\frac{d}{dt}\frac{\partial L}{\partial \dot{\theta}} - \frac{\partial L}{\partial \theta} = Q_\theta \quad (A2.2)$$

$$L = T - U \quad (A2.3)$$

ここで，L：ラグランジアン，T：運動エネルギー，U：ポテンシャルエネルギー，Q_x, Q_θ：非保存力の一般化力である．非保存力は，台車や振子の粘性摩擦力や外力であり，以下のように表される．

$$Q_x = u(t) - D\dot{x} \quad (A2.4)$$

$$Q_\theta = -C\dot{\theta} \quad (A2.5)$$

運動エネルギー T は次式で表される．

$$T = \frac{1}{2}M\dot{x}^2 + \frac{1}{2}m\{(\dot{x}+L\dot{\theta}\cos\theta)^2 + (L\dot{\theta}\sin\theta)^2\} + \frac{1}{2}J\dot{\theta}^2$$
$$= \frac{1}{2}(M+m)\dot{x}^2 + \frac{1}{2}J\dot{\theta}^2 + mL\dot{x}\dot{\theta}\cos\theta + \frac{1}{2}mL^2\dot{\theta}^2 \quad (A2.6)$$

ポテンシャルエネルギー U は次式で表される．

$$U = mgL\cos\theta \quad (A2.7)$$

以上の式 (A2.3)〜(A2.7) を式 (A2.1)〜(A2.3) に代入し整理すると，式 (2.81) と式 (2.82) が得られる．

(2) 式 (2.81) と式 (2.82) について，倒立状態 ($\theta(t)=0$) 付近では，$\theta(t)$ が小さいとして，$\sin\theta \fallingdotseq \theta$, $\cos\theta \fallingdotseq 1$, $\dot{\theta}^2\sin\theta \fallingdotseq 0$ と近似すると，次式を得る．

$$(M+m)\frac{d^2x(t)}{dt^2} + mL\frac{d^2\theta(t)}{dt^2} = -D\frac{dx(t)}{dt} + u(t) \quad (A2.8)$$

$$mL\frac{d^2x(t)}{dt^2} + (J+mL^2)\frac{d^2\theta(t)}{dt^2} = -C\frac{d\theta(t)}{dt} + mgL\theta(t) \quad (A2.9)$$

(3) 式 (A2.8) と式 (A2.9) をラプラス変換して，すべての初期値を 0 とし整理すると，以下の伝達関数を得る．

$$G(s) = \frac{\theta(s)}{U(s)}$$
$$= \frac{-mLs}{\{J(M+m)+mML^2\}s^3 + \{D(J+mL^2)+C(M+m)\}s^2 + \{DC-mgL(M+m)\}s - mgLD}$$

$$F(s) = \frac{\theta(s)}{X(s)} = \frac{-mLs^2}{(J+mL^2)s^2 + Cs - mgL}$$

(4) 上式に，与えられたパラメータの値を入れ整理すると，次式となる．

$$G(s) = \frac{-0.617s}{s^3 + 4.17s^2 - 12.2s - 48.4}$$

$$F(s) = \frac{-1.5s^2}{s^2 + 0.851s - 14.7}$$

2.10 例えば，図 A2.1 の加え合わせ点 a を左に，引き出し点 b を右に持っていくと，図 A2.2 のようになる．なお，加え合わせ点や引き出し点同士の交換（移動）は自由にできる（移動しても何の影響もない）．図 A2.2 は完全な入れ子になっており，内側の 2 つのフィードバック結合（図の破線内）を結合則で整理し，さらに外側のフィードバック結合をまとめると，図 A2.3 のようになる．

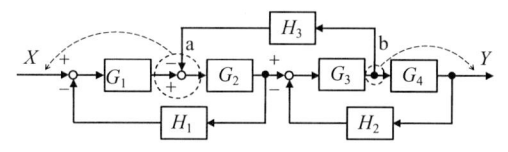

図 A2.1　ブロック線図

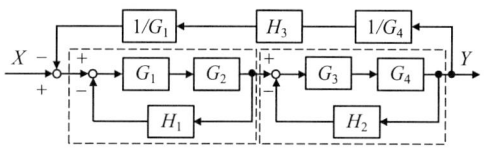

図 A2.2　ブロック線図

$$\frac{G_1 G_2 G_3 G_4}{(1+G_1 G_2 H_1)(1+G_3 G_4 H_2)+G_2 G_3 H_3}$$

図 A2.3　ブロック線図

2.11 図 2.30 のブロック線図の左側に注目すると，次の関係式が得られる．

$$\bigl[\{X(s)-A(s)H_1(s)\}G_1(s)-\{A(s)-Y(s)H_2(s)\}G_3(s)H_3(s)\bigr]G_2(s)=A(s) \quad (\text{A2.10})$$

また，図の右側に注目すると，次の関係式が得られる．

$$\{A(s)-Y(s)H_2(s)\}G_3(s)G_4(s)=Y(s) \quad (\text{A2.11})$$

両式より $A(s)$ を消去すると，$X(s)$ と $Y(s)$ の関係が得られ，これより，以下の伝達関数 $G(s)$ が求められる．

$$G(s)=\frac{Y(s)}{X(s)}=\frac{G_1(s)G_2(s)G_3(s)G_4(s)}{\{1+G_1(s)G_2(s)H_1(s)\}\{1+G_3(s)G_4(s)H_2(s)\}+G_2(s)G_3(s)H_3(s)}$$

◆ **第 3 章**

3.1
(1)　$y(t)=2e^{-4t}-2e^{-16t}$
(2)　$y(t)=-2te^{-2t}+2e^{-2t}-2e^{-4t}$

応答波形を図 A3.1 (1)，(2) に示す．

3.2
(1)　$y(t)=\dfrac{3}{8}-\dfrac{1}{2}e^{-4t}+\dfrac{1}{8}e^{-16t}$
(2)　$y(t)=10-18e^{-t}+9e^{-2t}-e^{-3t}$
(3)　$y(t)=6t-7+8e^{-t}-e^{-2t}$
(4)　$y(t)=2-2.10\,e^{-1.5t}\sin(4.77t+1.27)$

応答波形を図 A3.2 (1)〜(4) に示す．

(1) ／ (2)

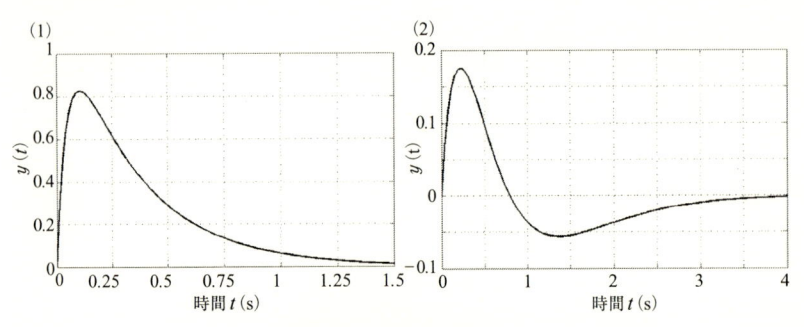

図 A3.1 過渡応答波形

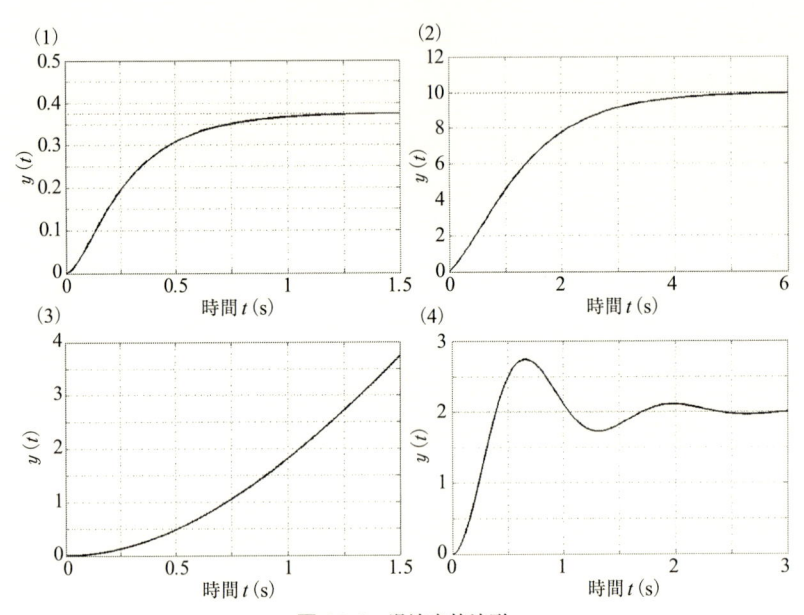

(1) ／ (2) ／ (3) ／ (4)

図 A3.2 過渡応答波形

3.3

(1) 伝達関数は次式となる．

$$G(s)=\frac{Y(s)}{X(s)}=\frac{2(K_1 s+K_2)}{s^3+8s^2+(16+2K_1)s+2K_2}$$

(2) 伝達関数は，

$$G(s)=\frac{Y(s)}{X(s)}=\frac{2K_1}{s^2+8s+(16+2K_1)}$$

となり，式 (3.31) を用いて $A_p=10\%$ となる K_1 を求めると，$K_1=14.9$ となる．

(3) 伝達関数は，

$$G(s)=\frac{Y(s)}{X(s)}=\frac{0.75 \cdot 64}{s^2+8s+64}$$

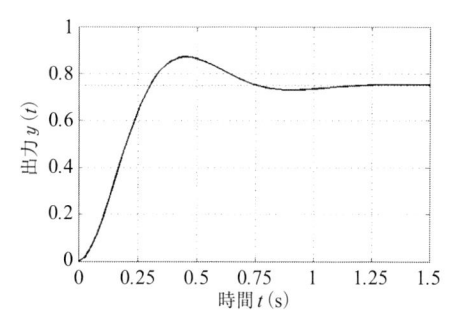

図 A3.3 過渡応答波形

となり，固有角周波数 $\omega_n=8$ rad/s，減衰係数 $\zeta=0.5$ となる．
(4)　$y(t)=0.75-0.866e^{-4t}\sin(6.93t+1.05)$
　　グラフは，図 A3.3 に示すとおりである．
　　行き過ぎ時間と行き過ぎ量は，式（3.30）と式（3.31）を用いて，$A_p=16.3\%$，$t_p=0.453$ s となる．整定時間（±5%）は図や応答式より $t_s=0.66$ s となる．
　　定常偏差は $e_\infty=0.25$ となる．
(5)　偏差の式はブロック線図より，
$$E(s)=\frac{s(s^2+8s+16)}{s^3+8s^2+44s+56}$$
となり，これより各定常偏差は以下のようになる．
インパルス応答：$e_\infty=0$，ステップ応答：$e_\infty=0$，ランプ応答：$e_\infty=0.286$．

3.4　伝達関数を複数の要素に分割して加え合わせを利用すると便利である．
　　ベクトル軌跡は図 A3.4 (1)〜(3) に示す．

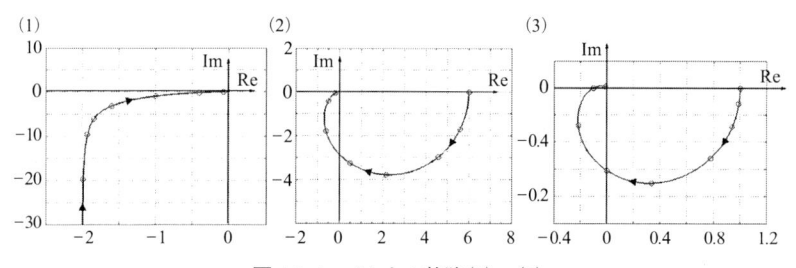

図 A3.4　ベクトル軌跡(1)〜(3)

(1)　$|G(j\omega)|=\dfrac{2}{\omega\sqrt{1+\omega^2}}$，$\angle G(j\omega)=-90-\tan^{-1}\omega$

ω [rad/s]	0.1	0.2	0.3	0.5	1	2	5
$\|G(j\omega)\|$	19.9	9.81	9.39	3.58	1.41	0.447	0.078
$\angle G(j\omega)$ [°]	−96	−101	−107	−117	−135	−153	−168

(2) $|G(j\omega)| = \dfrac{6}{\sqrt{\{1+(2\omega)^2\}\{1+(4\omega)^2\}}}$, $\angle G(j\omega) = -(\tan^{-1} 2\omega + \tan^{-1} 4\omega)$

ω [rad/s]	0	0.05	0.1	0.2	0.3	0.5	1	2
$\|G(j\omega)\|$	6	5.85	5.46	4.35	3.29	1.90	0.651	0.18
$\angle G(j\omega)$ [°]	0	-17	-33	-60	-81	-108	-139	-159

(3) $|G(j\omega)| = \dfrac{6}{\sqrt{(1+\omega^2)\{1+(2\omega)^2\}\{1+(3\omega)^2\}}}$, $-\angle G(j\omega) = -(\tan^{-1}\omega + \tan^{-1} 2\omega + \tan^{-1} 3\omega)$

ω [rad/s]	0	0.02	0.05	0.1	0.2	0.3	0.5	1	2
$\|G(j\omega)\|$	1	0.997	0.983	0.935	0.781	0.61	0.351	0.1	0.018
$\angle G(j\omega)$[°]	0	-8	-20	-39	-72	-98	-135	-184	-222

3.5 前問 3.4 で求めた振幅比と角度を用い，$g = 20\log_{10}|G(j\omega)|$，$\varphi = \angle G(j\omega) = \tan^{-1}\omega T$ で計算する．ボード線図は図 A3.5 (1)～(3) に示す．

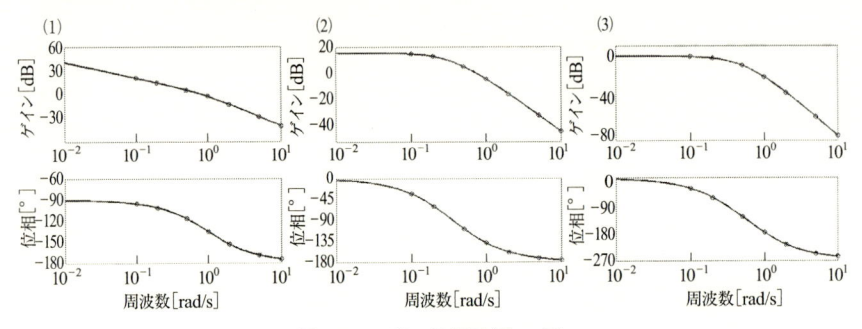

図 A3.5 ボード線図 (1)～(3)

	(1)		(2)		(3)	
ω [rad/s]	g [dB]	φ [°]	g [dB]	φ [°]	g [dB]	φ [°]
0.1	26	-96	14.7	-33	-0.59	-39
0.2	19.8	-101	12.8	-60	-2.15	-72
0.5	11.1	-117	5.56	-108	-9.1	-135
1	3.01	-135	-3.73	-139	-20	-184
2	-6.99	-153	-14.9	-159	-35	-222
5	-22.1	-169	-30.5	-171	-57.7	-250
10	-34	-174	-42.5	-176	-75.8	-260

3.6 それぞれのボード線図を図 A3.6 (1)～(2) に示す．
(1) 加え合わせからもわかるように，次数が増え，積分要素が増すごとに，ゲインの傾きは $-20\,\mathrm{dB/decade}$ ずつ小さく（負方向に大きく）なる．位相は $-90°$ ずつ負方向に大きくなる（遅れる）．

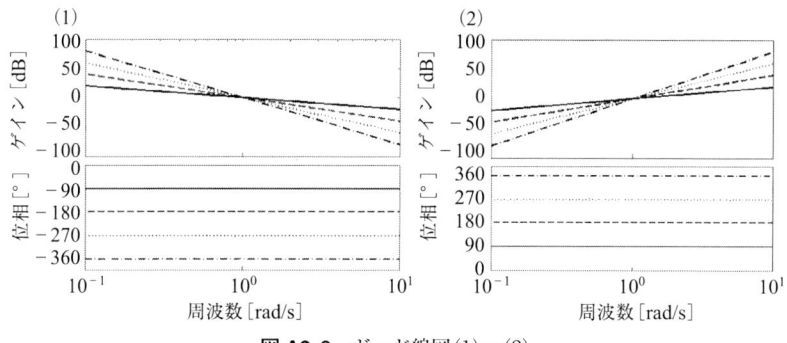

図 **A3.6** ボード線図 (1)〜(2)

(2) (1)とは逆に微分要素が増すごとに，ゲインの傾きは 20 dB/decade ずつ大きくなり，位相は 90°ずつ大きくなる（進む）．

3.7 3.3.3 項で述べたように，一次遅れ要素と $(1+Ts)$ 要素のゲイン曲線は 2 つの直線で，位相曲線は 3 つの直線で折れ線近似できる．

(1) 積分要素と 2 つの一次遅れ要素に分解し，それぞれのゲインと位相の折れ線を加算する．結果を図 A3.7（1）に実線で示す．破線は真値である．

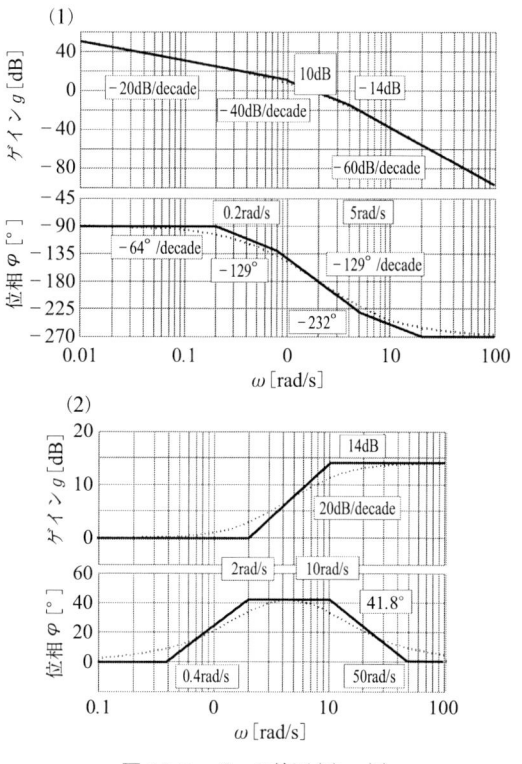

図 **A3.7** ボード線図 (1)〜(2)

(2) 一次遅れ要素と $(1+Ts)$ 要素の組み合わせである．同様に折れ線近似を行うと，図 A3.7 (2) の実線になる．これは，第 6 章で述べる位相進み要素である．位相曲線を見ると，$\omega=5$ rad/s 付近で位相が 42° 程度進むことがわかる．

3.8

(1) $G(s) = \dfrac{100}{(1+10s)(1+0.5s)}$

(2) $G(s) = \dfrac{10(1+0.1s)}{1+2s}$

3.9 伝達関数より，固有角周波数 $\omega_n=4$ rad/s，減衰係数 $\zeta=0.25$ となる．これらを式 (3.79)，(3.80) に入れると，$\omega_p=3.74$ rad/s，$M_p=2.07$ となる．また，カットオフ周波数は，式 (3.77) を用いて，ゲイン $=-3$ dB となる角周波数を求めると，$\omega_b=5.94$ rad/s となる．

3.10

(1) $\theta(t)=\theta_1(t)+\pi$ として式 (2.81)，(2.82) に代入し整理して，$\theta_1(t)$ を改めて $\theta(t)$ とおくと次式を得る．

$$(M+m)\frac{d^2x(t)}{dt^2} - (mL\cos\theta)\frac{d^2\theta(t)}{dt^2} = -D\frac{dx(t)}{dt} - mL\left\{\frac{d\theta(t)}{dt}\right\}^2 \sin\theta(t) + u(t) \quad (A3.1)$$

$$mL\cos\theta(t)\frac{d^2x(t)}{dt^2} - (J+mL^2)\frac{d^2\theta(t)}{dt^2} = C\frac{d\theta(t)}{dt} + mgL\sin\theta(t) \quad (A3.2)$$

ここで，$\theta(t)\fallingdotseq 0$ と仮定し，$\sin\theta(t)\fallingdotseq\theta(t)$，$\cos\theta(t)\fallingdotseq 1$ として線形化を行うと，式 (3.96)，(3.97) が得られる．

(2) 式 (3.97) をラプラス変換して，すべての初期値を 0 とし，$X(s)$ を入力，$\theta(s)$ を出力とする伝達関数を求めると，次式となる．

$$F(s) = \frac{\theta(s)}{X(s)} = \frac{mL\,s^2}{(J+mL^2)s^2 + Cs + mgL} \quad (A3.3)$$

これに各パラメータの値を入れ，角度の単位が ° になるように分子に $180/\pi$ をかけ，さらに，s^2 の係数が 1 となるようにすると次式を得る．

$$G(s) = \frac{\theta(s)}{X(s)} = \frac{81.9s^2}{s^2 + 0.6s + 14} \quad (A3.4)$$

(3) $G(s)$ より，固有角周波数 $\omega_n=3.74$ rad/s，減衰係数 $\zeta=0.080$ を得る．そして，ω_n から通常の固有周波数を求めると，$f_n=\omega_n/2\pi=0.596$ Hz となる．

(4) $G(s)$ より

$$G(j\omega) = 5.85(j\omega)^2 \cdot \frac{14}{(j\omega)^2 + 0.6j\omega + 14} = G_1(j\omega)\cdot G_2(j\omega) \quad (A3.5)$$

と分解して，$|G(j\omega)|=|G_1(j\omega)||G_2(j\omega)|$ を求め，ω_n と ζ の値を入れると，

$$|G(j\omega)| = \frac{5.85\omega^2\omega_n^2}{\sqrt{(\omega_n^2-\omega^2)^2 + (2\zeta\omega_n\omega)^2}} = \frac{81.9\omega^2}{\sqrt{(14-\omega^2)^2 + 0.36\omega^2}} \quad (A3.6)$$

となる．これより振幅比の値を求め，入力振幅を 0.1 m として，出力振幅である振れ角度を求めると以下のようになる．

f [Hz]	0.1	0.2	0.5	0.6	1	2
θ [°]	0.23	1.04	17.8	51.2	12.6	9.0

これを見ると，固有周波数 $f_n=0.596\,\mathrm{Hz}$ 付近では共振現象により，非常に大きく振れることがわかる．

(5) $G(j\omega)$ の偏角は次式となるので，これと式（A3.6）の振幅比を用いてゲインと位相を計算し，ボード線図を描くと図 A3.8 となる．

$$\varphi=\angle G(j\omega)=180-\tan^{-1}\frac{2\zeta\omega_n\omega}{\omega_n^2-\omega^2}=180-\tan^{-1}\frac{0.6\omega}{14-\omega^2}\,(°) \quad (\mathrm{A}3.7)$$

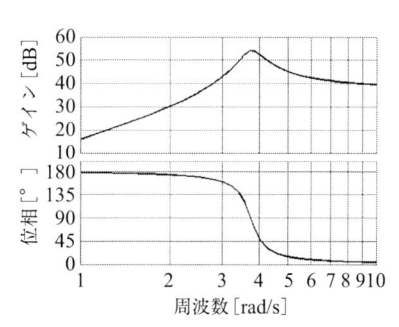

図 A3.8　ボード線図

◆ 第 4 章

4.1 ベクトル軌跡（図 A4.1 に示す）．

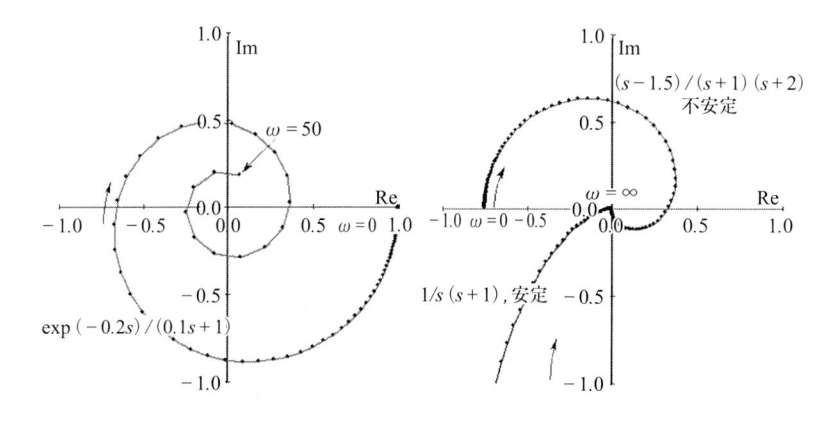

図 A4.1　ベクトル軌跡

4.2
(1) ベクトル軌跡（図 A4.2 に示す）．
(2) 安定限界となる角周波数を求める．このとき，

図 A4.2 ベクトル軌跡

が成り立ち，

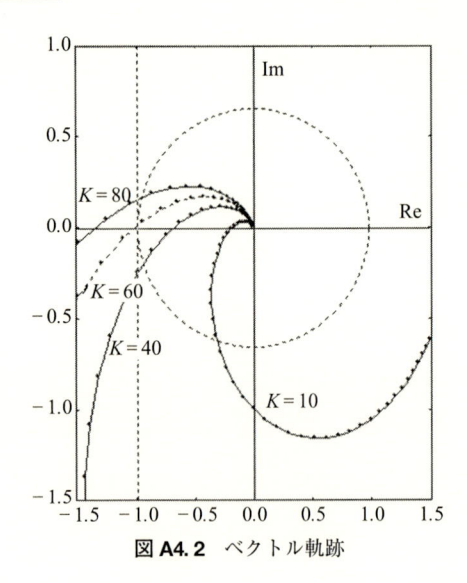

$$G_0(s) = \frac{K}{(s+1)(s+2)(s+3)} = -1$$

$$s^3 + 6s^2 + 11s + K + 6 = 0$$

が得られる．ここで $s = j\omega$ とおき，上記方程式に代入すると実数部と虚数部がそれぞれ 0 となることから，

$$-6\omega^2 + K + 6 = 0, \quad 11 - \omega^2 = 0$$

が得られ，

$$\omega = \sqrt{11} = 3.32 \text{ rad/s}, \quad K = 60$$

となる．以上から安定限界を与えるのは $K = 60$ のときである．また，位相遅れについても

$$\varphi = 180° - \tan^{-1}\omega - \tan^{-1}(\omega/2) - \tan^{-1}(\omega/3) = 0°$$

となる．

(3) 閉ループ伝達関数は

$$W(s) = \frac{K}{(s+1)(s+2)(s+3) + K}$$

となり，特性方程式は次のようになる．

$$s^3 + 6s^2 + 11s + K + 6 = 0$$

フルヴィッツの判別法から $K+6>0$, $6 \cdot 11 - (K+6) > 0$ より $-6 < K < 60$ が得られる．

4.3 ボード線図(図 A4.3 に示す)．

$|G_0(j\omega)| = 1$ のとき，

$$|G_0(j\omega)| = \left| \frac{K}{(1+j\omega)(2+j\omega)(3+j\omega)} \right| = \frac{K}{\sqrt{1+\omega^2}\sqrt{4+\omega^2}\sqrt{9+\omega^2}} = 1$$

より，

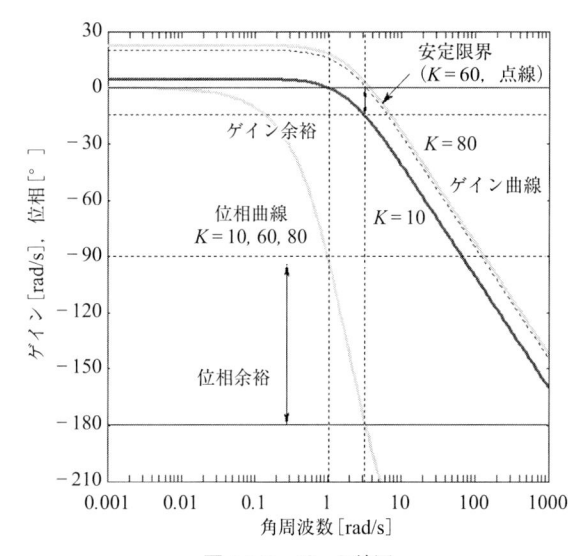

図 **A4.3** ボード線図

$$(1+\omega^2)(4+\omega^2)(9+\omega^2)=K^2$$

が得られる.
$\omega^2=X$ とおくと K を含む X に関する 3 次方程式が得られる.

$$X^3+14X^2+49X+36-K^2=0$$

ゲイン交差周波数 ω は,それぞれ次のように得られる.

$K=10$ のとき,$\omega_1=1.0$ rad/s

$K=80$ のとき,$\omega_2=3.77$ rad/s

位相余裕は,

$$\varphi_1=180°-\tan^{-1}\omega_1-\tan^{-1}(\omega_1/2)-\tan^{-1}(\omega_1/3)=90°$$

$$\varphi_2=180°-\tan^{-1}\omega_2-\tan^{-1}(\omega_2/2)-\tan^{-1}(\omega_2/3)=-8.7°$$

位相交差周波数は $\omega_0=\sqrt{11}$ rad/s となり(前問 4.2 参照),

$$-20\log|G_0(j\omega)|=-20\log\frac{10}{\sqrt{1+\omega_0^2}\sqrt{4+\omega_0^2}\sqrt{9+\omega_0^2}}=15.6 \text{ dB で安定}.$$

$$-20\log|G_0(j\omega)|=-20\log\frac{80}{\sqrt{1+\omega_0^2}\sqrt{4+\omega_0^2}\sqrt{9+\omega_0^2}}=-2.5 \text{ dB}<0 \text{ で不安定}.$$

4.4 (1) 安定,(2) 不安定,(3) 安定,(4) 不安定.

4.5

(1) 根軌跡(図 A4.4 に示す).

$$G_0(s)=\frac{K}{s(s+2)}$$

より,

$$W(s)=\frac{\dfrac{K}{s(s+2)}}{1+\dfrac{K}{s(s+2)}}=\frac{K}{s(s+2)+K}$$

特性方程式は
$$s^2+2s+K=0$$
この制御系は根の実数部が負となり，安定である．

漸近線は $r=2,\ m=0$ より，$r=2$ で 2 本

漸近線の方向角は $\theta_0=\dfrac{\pi}{2},\quad \theta_0=\dfrac{3\pi}{2}$

漸近線が実軸と交わる座標値は $\dfrac{0+(-2)}{2}=-1$

(2) 根軌跡（図 A4.4 に示す）．
$$G_0(s)=\frac{K}{s(s^2+2s+2)}$$

より，
$$W(s)=\frac{\dfrac{K}{s(s^2+2s+2)}}{1+\dfrac{K}{s(s^2+2s+2)}}=\frac{K}{s(s^2+2s+2)+K}$$

特性方程式は
$$s^3+2s^2+2s+K=0$$

漸近線は $n=3,\ m=0$ より，$r=3$ で 3 本

漸近線の方向角は $\theta_1=\dfrac{\pi}{3},\ \theta_2=\pi,\ \theta_3=\dfrac{5\pi}{3}$

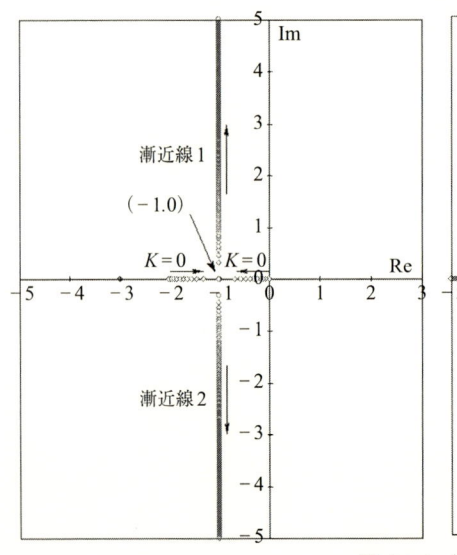

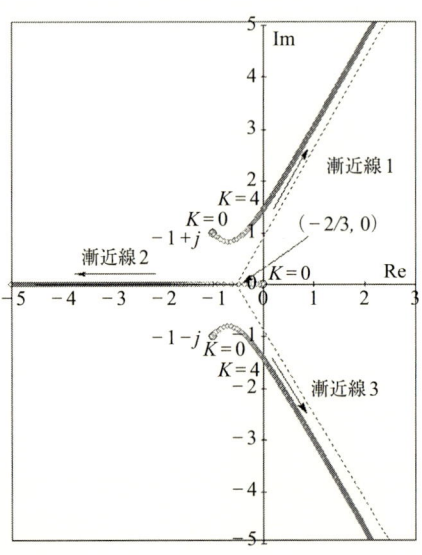

図 A4.4 根軌跡

漸近線が実軸と交わる座標値は，$\dfrac{0+(-1+j)+(-1-j)}{3}=-\dfrac{2}{3}$

根軌跡が虚数軸と交わるとき，虚数根 $s=\pm j\alpha$ を持つので，次式が成り立つ．
$(K-2\alpha^2)\mp j\alpha(\alpha^2-2)=0$
$K-2\alpha^2=0$ および $\alpha(\alpha^2-2)=0$
$\alpha\neq 0$ であり，$\alpha^2=2$, $K=4$
$K>4$ のとき不安定となる．

4.6 $G_0(j\omega)$ の虚数部が0となる角周波数を求め，そのときのゲインを計算する．
$$G_0(j\omega)=\dfrac{Ke^{-j\omega}}{j\omega+1}=\dfrac{K(\cos\omega-\omega\sin\omega)-jK(\sin\omega+\omega\cos\omega)}{\omega^2+1}$$
これより，
$$\sin\omega+\omega\cos\omega=0 \quad (\tan\omega+\omega=0)$$
が成り立つ．この方程式は解析的に解くことはできないが，ニュートン-ラプソン法などの数値計算法を用いて解くことができる．また，グラフを利用して近似値を求めることができる．解は $\omega=2.03$ rad/s となる．このときのゲインは
$$|G_0(j\omega)|=\dfrac{K}{\sqrt{\omega^2+1}}$$
となり，
$$\text{ゲイン余裕} \quad g_m=-20\log\dfrac{K}{\sqrt{\omega^2+1}}=20$$
を満足するとき，
$$\dfrac{K}{\sqrt{2.03^2+1}}=0.1$$
より，$K=0.23$ となる．

4.7 $G_0(j\omega)$ の虚数部が0となる角周波数を求め，そのときのゲインを計算する．
$$G_0(j\omega)=\dfrac{K}{j\omega(a+j\omega)(b+j\omega)}=\dfrac{-K\{(a+b)\omega+j(ab-\omega^2)\}}{\omega(a^2+\omega^2)(b^2+\omega^2)}$$
$\text{Im}(G_0(j\omega))=0$ より，$\omega=\sqrt{ab}$
このとき，
$$|G_0(j\omega)|=\dfrac{K(a+b)\omega}{\omega(a^2+\omega^2)(b^2+\omega^2)}$$
ゲイン余裕は
$$g_m=-20\log\dfrac{K(a+b)\sqrt{ab}}{\sqrt{ab}(a^2+ab)(b^2+ab)}=20\log\dfrac{ab(a+b)}{K}$$

◆ 第5章

5.1 ゲインが1で位相遅れが $\varphi=180°$ となる角周波数を求める．これより，周期 T_c と K_c が得られる．
$$G_0(j\omega)=K_P\dfrac{Ke^{-jL\omega}}{1+j\omega T}=\dfrac{K_ce^{-jL\omega}}{1+j\omega T}$$
より，
$$|G_0(j\omega)|=\dfrac{K_c}{\sqrt{1+\omega^2 T^2}}=1, \quad \varphi=\tan^{-1}\omega T+L\omega=180°(=\pi)$$

が成り立つ．
$T=50\,\mathrm{s}$, $L=20\,\mathrm{s}$ より，
$$1+2500\omega^2 = K_C^2, \quad \tan^{-1}50\omega + 20\omega = 180°$$
これより $\omega=0.0895\,\mathrm{rad/s}$ が得られ $K_C=4.59$ となる．
したがって
$$T_C = \frac{2\pi}{\omega} = \frac{2\pi}{0.0895} = 70.2\,\mathrm{s}$$
となり，各補償要素の伝達関数は次のようになる．

$\mathrm{P}: C(s)=2.30$

$\mathrm{PI}: C(s)=2.07\left(1+\dfrac{1}{58.3s}\right)$

$\mathrm{PID}: C(s)=2.75\left(1+\dfrac{1}{35.1s}+8.78s\right)$

5.2

(1) P 制御において
$$X(s) - \frac{10}{(s+1)(s+2)}E(s) = E(s)$$
$$10\left\{X(s) - \frac{1}{(s+1)(s+2)}U(s)\right\} = U(s)$$
が成り立つ．
$$E(s) = \frac{(s+1)(s+2)}{(s+1)(s+2)+10}X(s)$$
$$U(s) = \frac{10(s+1)(s+2)}{(s+1)(s+2)+10}X(s)$$
ステップ応答の場合，最終値定理を用いて $E(s), U(s)$ はそれぞれ $1/6, 5/3$ となる．

(2) PI 制御において
$$X(s) - \frac{10\left(1+\dfrac{1}{2s}\right)}{(s+1)(s+2)}E(s) = E(s)$$
$$10\left(1+\frac{1}{2s}\right)\left\{X(s) - \frac{1}{(s+1)(s+2)}U(s)\right\} = U(s)$$
が成り立つ．
$$E(s) = \frac{2s(s+1)(s+2)}{2s(s+1)(s+2)+10(2s+1)}X(s)$$
$$U(s) = \frac{10(2s+1)(s+1)(s+2)}{2s(s+1)(s+2)+10(2s+1)}X(s)$$
ステップ応答の場合，最終値定理を用いて $E(s), U(s)$ はそれぞれ $0, 2$ となる．

◆ 第6章

6.1 閉ループ伝達関数は，
$$W_1(s) = \frac{10}{s^2+2s+10}$$
となり，これより，固有振動数 $\omega_{n1}=3.16\,\mathrm{rad/s}$，減衰係数 $\zeta=0.316$ となる．
補償要素 K_1s を挿入したときの閉ループ伝達関数は
$$W_2(s) = \frac{10}{s^2+(2+10K_1)s+10}$$

と表され，これより，
$$\zeta = \frac{1+5K_1}{\sqrt{10}} = 0.70, \quad K_1 = \frac{\zeta\sqrt{10}-1}{5} = 0.243$$
を得る．

6.2
(1) 伝達関数
$$G_1(s) = \frac{R_2}{R_1+R_2} \frac{R_1Cs+1}{\dfrac{R_2}{R_1+R_2}R_1Cs+1} = \frac{1}{10}\left(\frac{1.0s+1}{0.1s+1}\right)$$
より
$$a_1 = \frac{R_2}{R_1+R_2} = 0.1, \quad T_1 = R_1C = 1.0\text{ s}$$
が得られ，
$$R_1 = 90\text{ k}\Omega \text{ より，} R_2 = 10\text{ k}\Omega$$
$$C = \frac{1}{90\times 10^3} = 11.1\times 10^{-6}\text{F} = 11.1\,\mu\text{F}$$
となる．

(2) ボード線図（図 A6.1 に示す）．

(3) $a_1 = 0.1$, $T_1 = 1.0$ s より
折点角周波数は，
$$\frac{1}{T_1} = 1\text{ rad/s}, \quad \frac{1}{a_1T_1} = 10\text{ rad/s}$$
となる．

(4) 最大位相進み角を与える角周波数は式 (6.2) より，
$$\omega_m = \frac{1}{\sqrt{a_1}T_1} = 3.16\text{ rad/s}$$
位相角は式 (6.4) より，

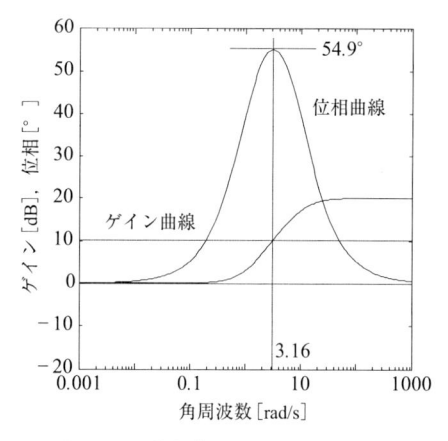

図 A6.1 位相進み補償器のボード線図

$$\varphi_m = \sin^{-1}\frac{1-0.1}{1+0.1} = 54.9°$$

となる.

6.3

(1) $C_2(s) = \dfrac{a_2(T_2 s+1)}{a_2 T_2 s+1} = \dfrac{a_2(j\omega T_2+1)}{j\omega a_2 T_2+1}$

について,分母の項の偏角を α,分子の項の偏角を β とすると,位相遅れ角 φ は $\alpha - \beta$ で表される.

$$\tan(\alpha-\beta) = \tan\varphi = \frac{\tan\alpha - \tan\beta}{1+\tan\alpha\cdot\tan\beta} = \frac{\omega a_2 T_2 - \omega T_2}{1+\omega^2 a_2 T_2^2} \tag{A6.1}$$

となり,$\tan\varphi$ を ω で微分し,

$$\frac{d\varphi}{d\omega} = 0$$

より

$$\omega_m = \frac{1}{\sqrt{a_2 T_2}}$$

が得られ,このとき極大値をとる.

(2) $\omega_m = 1/\sqrt{a_2 T_2}$ を式(A6.1)に代入すると,

$$\tan\varphi_m = \frac{a_2-1}{2\sqrt{a_2}}$$

が得られ,これより,

$$\sin\varphi_m = \frac{-1+a_2}{1+a_2}$$

となる.これより

$$a_2 = \frac{1+\sin\varphi_m}{1-\sin\varphi_m}$$

が得られる.

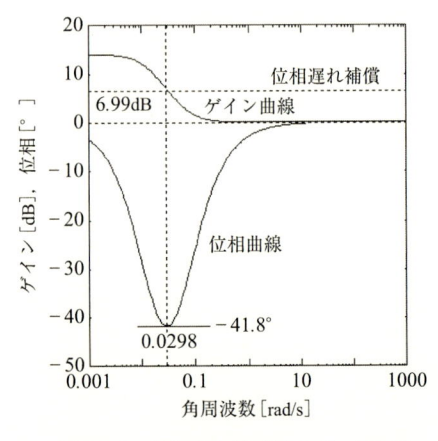

図 A6.2 位相遅れ補償器のボード線図

(3) ゲインは
$$|C_2(j\omega)| = \frac{a_2|j\omega T_2+1|}{|j\omega a_2 T_2+1|} = \sqrt{a_2}$$
これより，
$$g_m = 20\log_{10}\sqrt{a_2}$$
が得られる．

(4) $a_2=5$, $T_2=15\,\mathrm{s}$ を用いて $\varphi_m=41.8°$, $\omega_m=0.0298\,\mathrm{rad/s}$, $g_m=6.99\,\mathrm{dB}$.

(5) ボード線図（図 A6.2 に示す）．

索　　引

1形　64
1形最適レギュレータ　141

2形　64
2自由度制御　144

DCサーボモータ　36

FBW　134

H∞制御　141

MATLAB　142
min-max重心合成法　146

PD制御　108
PI制御　106,128
PI補償　106
PID制御　13,105,108

あ　行

アクチュエータ　11
アクティブサスペンション　6,132
アナロジー　27
アンチスキッドブレーキシステム　6
安定限界　98,99
安定条件　88
安定性　13,15,88,92,114,125,131
　　フィードバック制御系の――　88
安定増加装置　133
安定度　99,100,102
安定判別法　13,92
　　ナイキストの――　92,97,

100
　　フルヴィッツの――　92,95
　　ラウスの――　92,93
　　ラウス-フルヴィッツの――　95
安定余裕　102

行き過ぎ時間　60,114
行き過ぎ量　61,106,108,109
位相　67
位相遅れ補償　117
位相曲線　75
位相交差周波数　100
位相交点　99
位相進み遅れ補償　108,117
位相進み補償　108,115,119,125,127
位相余裕　100,100,102
一次遅れ要素　29,98,111
一巡伝達関数　64
インディシャル応答　51
インパルス応答　51,88

運動制御系　10

エンジンの電子制御　6

オブザーバ　140

か　行

外乱　9,13
外乱応答　64
外乱オブザーバ　144
外乱抑圧特性　141
開ループ制御　9
開ループ伝達関数　92

可観測性　138
学習制御　147
可制御性　138
カットオフ周波数　79
過渡応答　50,109,110
過渡特性　60
からくり人形　4
観測ノイズ　144
感度関数　141

逆運動学問題　151
逆変換　151
共振周波数　79
共振値　79
極　21
極配置制御法　139

空気圧サーボ　5
空燃比制御　6,128,130
矩形パルス関数　157
繰返し動作　147
加え合わせ点　41

ゲイン曲線　75
ゲイン交差周波数　100
ゲイン交点　99
ゲイン定数　29
ゲイン補償　108,114,118
ゲイン余裕　100
ゲイン・位相進み遅れ補償　120
結合系のボード線図　81
限界感度法　109,110
　　ジーグラ-ニコルスの――　109
減衰係数　12,31
減衰性　12,15,60,108

索　引

現代制御理論　14, 137

構造設計　17
誤差学習制御　147
誤差逆伝播法　150
古典制御理論　14
固有角周波数　12, 31
固有値　138
根軌跡　92, 95, 96
混合感度問題　141

さ　行

最終値の定理　23, 158
最小次元オブザーバ　141
最適制御理論　139
最適レギュレータ　139
サーボ機構　5, 10

時間領域　153
シグモイド関数　149
ジーグラ-ニコルスの限界感度法　109
シーケンス制御　8
持続振動　92, 109
時定数　29, 60
自動制御　8
自動調整　3
シナプス結合　149
車間距離制御　128, 130
遮断周波数　79
周波数応答　14, 67
周波数重み　142
周波数伝達関数　68, 153
出力変数　138
手動制御　7
順変換　151
状態観測器　140
状態空間モデル　137
状態フィードバック制御　138
状態変数　138
初期値の定理　24, 157
神経回路網　148

振幅減衰比　61
振幅比　67

推移定理　156
数式モデル　17
ステップ応答　51, 88, 102, 108, 110, 111
スミスのむだ時間補償法　145

制御系　16
制御精度　15
制御則　11, 17
制御量　7
制御理論　11
整定時間　60, 114
性能評価指標　59
積分時間　106, 108, 110
積分制御　131
積分動作　106, 108
積分要素　28
折点周波数　76
セミアクティブサスペンション　132
セルフチューニング制御　143
零点　21
線形化　24
線形微分方程式　19

操作量　7
速応性　12, 15, 60, 114
　　──の指標　114
速度制御　4
速度のフィードバック　12
速度フィードバック補償　122
ソフトウェアサーボ　7

た　行

帯域幅　114
多自由度運動機構　13
立ち上がり時間　60, 114
単位インパルス関数　156

単位ステップ関数　153
単位ランプ関数　154
タンク給水系　30

力-電圧アナロジー　27
知識型制御　146
直列補償　114

追従制御　114
追従特性　141

定加速度入力　66
定常位置偏差　12
定常状態　50
定常特性　15, 60
定常偏差　60, 61, 106
定値制御　10, 114
適応制御　143
展開定理　54
　　ヘビサイドの──　89, 159
電気サーボ　5
電磁弁　34
伝達関数　20
　　厳密にプロパーな──　20
　　プロパーな──　20
伝達要素　19

同一次元オブザーバ　140
等価変換　42
等価変換則　42
動特性　12
特異点　152
特性根　89, 95
特性方程式　89, 139
トルク定数　37

な　行

ナイキストの安定判別法　92, 97, 100
二次遅れ要素　31, 98
二次形式評価関数　139
二次元倒立振子　16

索引

ニューラルネットワーク制御 14,148
ニューロン 149
人間協調制御方式 8

ノミナルモデル 144

は 行

パッシブサスペンション 132
バンド幅 79

引き出し点 41
ピーク周波数 114
非線形微分方程式 25
非ファジィ化 147
微分時間 108,110
微分動作 106,108
微分要素 28
比例ゲイン 90,108,110
比例制御 90,106
比例制御弁 38
比例動作 106
比例要素 27

ファジィ制御 14,146
ファルソのサーボメカニズム 5
フィードバック結合則 42
フィードバック制御 3
フィードバック制御系 89, 92,105,113,114
――の安定性 88
フィードバック補償 121
フィードバック要素 92

フィードフォワード 129
フィードフォワード制御 9
複素周波数領域 153
フライ・バイ・ワイヤ 134
フルアクティブサスペンション 132
フルヴィッツ 13
――の安定判別法 92,95
フルヴィッツ行列 94
プログラム制御 8
プロセス制御 10
ブロック線図 7,20,41
――の簡単化 42
プロパーな伝達関数 20
分解速度制御 150

閉ループ制御 9
閉ループ伝達関数 88
ベクトル軌跡 70,71,98,99, 102
ヘビサイドの展開定理 89, 159

ボード線図 14,70,74
　結合系の―― 81
ボールねじ機構 39

ま 行

むだ時間 34
むだ時間+一次遅れ 40
むだ時間要素 34,99

メンバーシップ関数 146

目標値 10
目標値応答 64
モデリング 17,18
モデル化 17
モデル規範形制御 143
モデルマッチング 145

や 行

ヤコビアン 151

油圧サーボ 5

ら 行

ラウス 13
――の安定判別法 92,93
ラウス-フルヴィッツの安定判別法 95
ラウス数列 93
ラプラス逆変換 52,158
ラプラス変換 21,23,153
ランプ応答 51
ランプ入力 51

レギュレータ 138

ロバスト安定性 141
ロバスト制御 144
ロボット制御 150
ロボットマニピュレータ 150
論理代数 8

わ 行

ワットの遠心調速機 2

著者略歴

則次俊郎（のりつぐとしろう）
- 1949 年　岡山県に生まれる
- 1974 年　岡山大学大学院工学研究科
　　　　　修士課程修了
- 現　在　津山工業高等専門学校長
　　　　　岡山大学名誉教授
　　　　　工学博士
- 執筆担当：1, 8 章, 付録

堂田周治郎（どうたしゅうじろう）
- 1949 年　兵庫県に生まれる
- 1974 年　岡山大学大学院工学研究科
　　　　　修士課程修了
- 現　在　岡山理科大学工学部教授
　　　　　工学博士
- 執筆担当：2, 3 章

西本　澄（にしもときよし）
- 1950 年　広島県に生まれる
- 1978 年　東京大学大学院工学系研究
　　　　　科博士課程修了
- 現　在　広島工業大学工学部教授
　　　　　工学博士
- 執筆担当：4〜7 章

基礎制御工学

定価はカバーに表示

2012 年 3 月 30 日　初版第 1 刷
2021 年 2 月 25 日　　　第 4 刷

　　　　　著　者　則　次　俊　郎
　　　　　　　　　堂　田　周治郎
　　　　　　　　　西　本　　　澄
　　　　　発行者　朝　倉　誠　造
　　　　　発行所　株式会社　朝倉書店
　　　　　　　　　東京都新宿区新小川町 6-29
　　　　　　　　　郵便番号　162-8707
　　　　　　　　　電話　03(3260)0141
　　　　　　　　　FAX　03(3260)0180
　　　　　　　　　https://www.asakura.co.jp

〈検印省略〉

Ⓒ 2012〈無断複写・転載を禁ず〉　　　　真興社・渡辺製本

ISBN 978-4-254-23134-2　C 3053　　　　Printed in Japan

JCOPY　〈出版者著作権管理機構 委託出版物〉

本書の無断複写は著作権法上での例外を除き禁じられています．複写される場合は，そのつど事前に，出版者著作権管理機構（電話 03-5244-5088, FAX 03-5244-5089, e-mail: info@jcopy.or.jp）の許諾を得てください．

好評の事典・辞典・ハンドブック

物理データ事典 　日本物理学会 編　B5判 600頁
現代物理学ハンドブック 　鈴木増雄ほか 訳　A5判 448頁
物理学大事典 　鈴木増雄ほか 編　B5判 896頁
統計物理学ハンドブック 　鈴木増雄ほか 訳　A5判 608頁
素粒子物理学ハンドブック 　山田作衛ほか 編　A5判 688頁
超伝導ハンドブック 　福山秀敏ほか 編　A5判 328頁
化学測定の事典 　梅澤喜夫 編　A5判 352頁
炭素の事典 　伊与田正彦ほか 編　A5判 660頁
元素大百科事典 　渡辺 正 監訳　B5判 712頁
ガラスの百科事典 　作花済夫ほか 編　A5判 696頁
セラミックスの事典 　山村 博ほか 監修　A5判 496頁
高分子分析ハンドブック 　高分子分析研究懇談会 編　B5判 1268頁
エネルギーの事典 　日本エネルギー学会 編　B5判 768頁
モータの事典 　曽根 悟ほか 編　B5判 520頁
電子物性・材料の事典 　森泉豊栄ほか 編　A5判 696頁
電子材料ハンドブック 　木村忠正ほか 編　B5判 1012頁
計算力学ハンドブック 　矢川元基ほか 編　B5判 680頁
コンクリート工学ハンドブック 　小柳 洽ほか 編　B5判 1536頁
測量工学ハンドブック 　村井俊治 編　B5判 544頁
建築設備ハンドブック 　紀谷文樹ほか 編　B5判 948頁
建築大百科事典 　長澤 泰ほか 編　B5判 720頁

価格・概要等は小社ホームページをご覧ください。